都市里的农场

家庭 菜园

TEA FAMILY GARDEN

玮 珏／编著

新世界出版社
NEW WORLD PRESS

图书在版编目（CIP）数据

都市里的农场：家庭菜园 / 玮珏编著 . -- 北京：
新世界出版社，2016.6
ISBN 978-7-5104-5692-3

Ⅰ . ①都… Ⅱ . ①玮… Ⅲ . ①蔬菜园艺 Ⅳ . ① S63

中国版本图书馆 CIP 数据核字 (2016) 第 100928 号

都市里的农场：家庭菜园

作　　者：玮　珏
责任编辑：张杰楠
责任校对：姜菡筱　宣　慧
责任印制：李一鸣　王丙杰
出版发行：新世界出版社
社　　址：北京西城区百万庄大街 24 号（100037）
发 行 部：（010）6899 5968　　（010）6899 8705（传真）
总 编 室：（010）6899 5424　　（010）6832 6679（传真）
http: //www.nwp.cn
http: //www.nwp.com.cn
版 权 部：+8610 6899 6306
版权部电子信箱：nwpcd@sina.com

印　　刷：北京市松源印刷有限公司
经　　销：新华书店
开　　本：787 × 1092　1/16
字　　数：300 千字
印　　张：16
版　　次：2016 年 6 月第 1 版　2016 年 6 月第 1 次印刷
书　　号：ISBN 978-7-5104-5692-3
定　　价：128.00 元

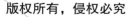

前言

　　蔬菜在人们的日常生活中扮演着非常重要的角色。随着社会的进步和人们生活水平的提高，人们对无公害、无污染的蔬菜需求越来越大。然而关于蔬菜农药残留的问题却令人担忧，且蔬菜价格也不断上涨。因此，拥有一个自己的家庭菜园就成为崇尚自然健康生活的现代人梦寐以求的事情。

　　其实，种菜早已不再是农村人的专利，现在很多城市居民都开始侍弄自己的菜园，成了名副其实的城市农夫。在家里种菜并不像想象中那么复杂，一片小小的空地或是阳台、天台，甚至是小小的窗台都可以成为理想的种菜场所。只要选对时节，了解蔬菜的习性，我们完全可以在家里种植出生机盎然的蔬菜。

　　侍弄家庭菜园可谓好处多多。很多人终日生活在高楼林立、车水马龙的大都市中，很少有亲近自然的机会。而在家里种菜可增加家庭绿地面积、净化空气、美化居住环境，让辛勤工作一天的居室主人，回到家仿佛进入世外桃源一般。试想闲暇时光，坐在小菜园的南瓜架下看书、喝茶，是多么惬意的一件事啊！另外，我们为蔬菜浇水、除草，也可以锻炼身体。当亲手栽种的蔬菜成熟时，我们不但能收获劳动果实，还能收获前所未有的自豪感和幸福感。最重要的是，我们可以吃到放心的无公害蔬菜，还可以随吃随摘，保证新鲜，尽情享受劳动与收获的快乐。

　　鉴于人们对建立家庭菜园的需求越来越大，我们编著了此书，希望能为家庭种菜的初学者提供帮助。本书从实际出发，介绍了家庭菜园的场所选择、准备工作、种植技术、常见病虫害的防治等内容，还精选了许多常见蔬菜，就其生活习性、种植技巧等方面内容做了详细介绍。本书内容丰富全面、通俗易懂，并配备了大量精美图片，以便读者能尽快掌握种菜技巧，科学地打理自己的家庭菜园。

　　由于编者水平有限，书中难免会有疏漏之处，敬请广大读者批评指正，以便再版时加以修正。

目录

下篇　春华秋实——选择居家蔬菜

归园田居

——打造私家菜园

上篇

归置菜园的目的

◆ 亲近自然

　　现如今，城市化的进程不断加速，社会不断进步，生活水平不断提高，高楼林立、车水马龙，这让城市人亲近自然的机会大大减少了，人们对于回归自然，对于健康的生活方式越来越推崇。现在人们的住房条件越来越好，屋内宽敞明亮，大多数都有阳台或露台，甚至有天顶花园。一些上了年纪的人喜爱住进清静的四合院或有小温室的住宅，有的甚至搬至乡间居住。很多人都想在工作之余，在家里种点蔬菜，既能让自己和家人吃上没有农药污染的蔬菜，又能享受栽种的快乐，还能绿化居住环境。

装点环境的家庭小菜园

阳台盆栽的蔬菜

在露台、屋顶、阳台等地种菜，可增加居住地的绿地面积；能有效地减轻城市光、声污染和二次扬尘；能够有效降低城市热岛效应，使室内冬暖夏凉，居住起来更加舒适；能减轻屋顶的热胀冷缩，延长屋顶的使用寿命。在庭院中种植绿色植物，能使环境温度下降 3.8℃ 左右，使白天的高温持续时间有效缩短。在墙根种菜，若是蔬菜沿墙体向上生长，可使墙面温度下降 5℃ 左右。

绿意盎然的阳台

家庭种植的放心蔬菜

据现代科学研究可知，植物生长的地方，负氧离子较多，而负氧离子被誉为"空气维生素"，对人体有好处。另外，有一些蔬菜还能吸收空气中的有毒气体，净化空气。在这样的环境下，给蔬菜浇浇水，剪剪枝，是多么愉悦身心的事，能使人神清气爽、健康长寿。

◆ 健康环保

蔬菜是人们日常饮食中必不可少的食物之一，它可提供人体所必需的多种维生素和矿物质等营养物质。但是，近年来，却出现了不少令人担忧的报道，有些不法菜农为了使蔬菜长得快，施加过量的肥料；有的质检机关还检查出了一些蔬菜中有非法添加剂。这让食品安全问题的阴霾笼罩在人们心头。

纯天然蔬菜

放心的无污染蔬菜

　　随着人们生活水平的提高，人们越来越追求生活的质量，食品安全问题越来越受重视。现在，一些城市的蔬菜超市里，常能看到有些包装精美的蔬菜上标有"绿色蔬菜"或"无公害蔬菜"的字样，这种蔬菜比普通蔬菜的价格要昂贵得多，因此，不是所有市民都能承受的。另外，菜市场的蔬菜往往需要经过长距离运输才能到消费者手上，故而不够新鲜。而放在冰箱内储存时间过长的蔬菜会在一定程度上损失营养物质。因此，如果想吃上健康无污染的蔬菜，自己归置个小菜园，自己种植，实在是个不错的选择。后面我们将为您介绍一些蔬菜的生长习性、常见病虫害以及如何合理施用肥料。

泡沫箱培育的蔬菜

家庭蔬菜放心吃

容器种菜

◆ 缓解压力

　　都市生活节奏快，人们的生活压力也越来越大，工作之余，侍弄一下菜园，可以排解压力、放松身心，是一种非常健康的消遣方式。当看到自己亲手种的蔬菜生长繁茂或结出果实，会心情愉悦，增添生活的情趣。这些都会给终日处在喧嚣中的城市人，带来许多宁静和趣味。

　　有不少老人终年身体欠佳，通过种菜身体竟然有了很大改观。这是因为，通过劳动，老年人的生活得到了丰富，不但锻炼了身体，精神也得到了充实，而且自己种的新鲜蔬菜也有利于身体健康。

令人赏心悦目的小菜园

方便实用的种菜工具

家庭种菜并不是老年人的专利，同样适于年轻人。紧张的工作生活之余，在小菜园里忙碌一番，相信很快就能忘记烦恼。种菜在无形之中起到了锻炼身体的作用，激发了人们对生活的热情。闲暇时，在瓜秧架下面看看书、喝喝茶，也能陶冶性情，增添生活的趣味。

家庭菜园的场所选择

◆ 阳台

　　其实，有不少人都有在家里种菜的意愿，但又苦于找不到适宜的种菜场所。居住在城市中的人，家里很少有大片空地，但很多人家里都有阳台。虽然面积并不大，但通过因地制宜，是可以发展成为一个小型菜园的。蔬菜的生长离不开阳光，因此阳光充足的地方，就有打造小菜园的可能。阳台就是个我们可以好好利用的场所。

阳台种菜

种菜的阳台

阳台是室内空间和室外空间的过渡地带，这里阳光充足，大部分阳台上方都有遮盖物。阳台分为全封闭、半封闭和敞开式三种，受气候影响，我国北方的阳台多为封闭式，南方阳台多为开放式。

适宜在阳台种植的蔬菜主要有大葱、韭菜、蒜苗、芫荽、樱桃萝卜、菠菜、小白菜、丝瓜、苦瓜、辣椒等。

合理应对环境条件

玻璃对阳光有吸收和折射的作用，不同颜色的玻璃有不同的透光率，其中白色玻璃透光率最高。我们都知道，蔬菜的生长离不开阳光，如果阳台是用蓝色、绿色等带颜色的玻璃封闭起来的，就会对蔬菜的生长不利。因此，封闭阳台要用白色玻璃。另外，封闭阳台的玻璃还需要是平整的，若不平整，局部形成凸透镜使阳光聚焦后可能会灼伤叶片。

阳台种菜

阳台种菜

阳台种菜

阳台虽能种蔬菜，但环境条件毕竟与庭院空地不同，在种植蔬菜时应特别注意以下几点。

1. 温度

一般南面和西面阳台比同一方向的窗台光照时间长，气温较高。阳台的建筑材料吸热多，到夜晚就会释放大量的热。有的蔬菜要求昼夜间有较大温差，若是夜晚高温闷热，就不利于这类蔬菜的生长。如果阳台是封闭的，夏、秋季容易变得闷热，因此，光照强烈时要注意通风。在阳台栽培蔬菜时，要注意经常在地面和蔬菜的叶面上喷水，一天要进行几次，这能增加空气湿度，降低温度。另外，栽培的蔬菜不要离墙太近，以免叶片被墙壁辐射热灼伤。

封闭阳台相当于一个小温室。外界气温高时打开窗户，放出热量；气温低时，关上窗户，这样，可以种植出反季节蔬菜。

2. 光照

朝南的阳台，光照充足，强度大，如果阳台墙面是接近白色的，尤其使用白色瓷砖的，由于墙面反光，光照强度还会强于大地。西阳台在夏季下午，光照强烈、温度高，对多数蔬菜生长不利。因此，若在朝南的阳台或朝西的阳台种菜，夏季要注意适度遮光，像芹菜、莴苣、白菜、芫荽等都是比较怕烈日的蔬菜，不避光会影响其长势。可用遮阳网或竹帘遮阴，一般遮在正面，早晚时段可以让蔬菜直接接受阳光照射。

3. 水分

阳台温度高，光照强，蒸发量大，空气比较干燥，因此适宜种植耐旱的蔬菜。在容器里种菜，更要注意及时浇水，因为蔬菜不能从地下获得水分。由于蔬菜叶片的蒸腾和容器里土壤水分的蒸发，关上窗户以及阳台与居室相连的门，能有效地提高阳台空气湿度。

4. 风

由于楼房的阳台一般比地面高，若阳台是开放式的，风速会较大。如果风力较强会影响蔬菜的生长，可使用防风网或防风板挡风。封闭阳台一般不用担心风的问题。

阳台种菜

合理选择蔬菜

在阳台上种菜，要科学合理地栽培管理，只有这样，才能达到预期效果。阳台有不同的朝向，这会对光照、温度、风力产生影响，我们也应选择不同的蔬菜种植。

朝南的阳台，阳光充足、通风良好，是最适宜种菜的阳台。一般蔬菜，如黄瓜、苦瓜、番茄、菜豆、荠菜、西葫芦、青椒等，一年四季均可种植。莲藕、荸荠、菱角等水生蔬菜也可以在朝南的阳台种植。夏季是高温季节，可将蔬菜容器移到阴凉处或搭建凉棚。冬季朝南阳台一般都能受到阳光直射，搭起简易保温设备，蔬菜在冬季也能健康成长。

阳台种菜

窗台种菜

阳台种菜

朝北的阳台光照条件不太好，较适宜种植喜阴或耐阴的蔬菜，如莴苣、油菜、韭菜、芦笋、香椿、蒲公英、茼蒿、空心菜、木耳菜等。到了夏季，要注意阻挡对面楼层反射过来的强光及辐射光。

朝东、朝西的阳台适宜种植喜光蔬菜，但朝西阳台在夏季下午阳光会很强，一些蔬菜会受到损害，甚至死亡，因此最好在阳台边角栽植蔓性耐高温的蔬菜，如菜豆、扁豆、丝瓜、苦瓜等。

合理安排蔬菜容器

在阳台上种菜，是将蔬菜种在容器中。可根据阳台的大小、高低，设计一个可上下升降、前后移动的栽培架，一般3~5层就可以了，架子上可以放栽培槽，也可以直接放普通的花盆等。架子要能随光线的变化而移动。喜光的蔬菜摆放在上层，耐阴的蔬菜放在下层。只要合理安排，小小的阳台也能种植不少种类的蔬菜。

◆ 庭院

对于一些房前屋后有空地的居民来说，将空地开垦成小菜园是个非常不错的选择，既可美化环境，又能随时吃到新鲜的蔬菜。

庭院种菜

庭院种菜

　　庭院可供栽培蔬菜的面积一般为 10~30 平方米，小的只有几平方米，建造塑料大棚、日光温室等是不现实的，但是在适宜的条件下进行地膜覆盖、设置阳畦或架小拱棚等简易保护设施栽培是可行的。

合理应对环境条件

由于房屋的影响和人的活动，庭院的环境条件有些地方不同于大面积耕地。

1. 温度

城市楼群间的温度比郊区要高一些，尤其是离南墙较近的地方，夏季更是温度很高，不利于大多数蔬菜的生长，因此南墙附近最好不要种怕高温的蔬菜。

2. 光照

在没有遮阴的情况下，房屋南面的光照非常强，这是由于墙面及玻璃反光造成的；房屋东侧下午阳光直射时间短，西侧正好相反；北侧被房屋遮阴的时间长。鉴于此，庭院主人需要根据庭院光照的具体情况，合理安排蔬菜，才能使蔬菜健康成长。如大多数果菜需要强光，而多数叶类蔬菜对光照的需求要稍小一些，应因地制宜。

庭院种菜

3. 水分

房屋南侧的土地水分蒸发快，若是地面较高，就更容易干旱了，应及时浇水。由于屋顶和硬化路面不能存水，地势较低洼的地区，需有良好的排水系统，否则下大暴雨时容易被淹。

4. 风

由于房屋的影响，庭院土地表面空气流通慢，风较小，不利于蔬菜的生长，因此，蔬菜应该种植得稀疏一些。

庭院种菜

庭院菜地

合理选择蔬菜

　　庭院种菜必须考虑空地的大小、朝向，菜园不要离居民窗户太近，以免遮挡室内光照。如果菜园朝阳，可多种植喜光的蔬菜；如果空地处于阴面，则以种植耐阴的蔬菜为主。如果空地较宽阔，可多选择一些不同种类的蔬菜种植，这样植株高矮、采收期可以搭配进行；如果空地较小，宜多种植一些低矮的蔬菜，因为不宜在靠近窗户的地方种高大的蔬菜。

另外由于庭院四周围墙可以挡风御寒，一些抗寒的蔬菜在庭院内可安全越冬。庭院栽培蔬菜在布局上应考虑全面，既应充分考虑蔬菜的特性、受光条件等，又要能装点环境，方便生活起居。小萝卜、油菜、小白菜等蔬菜的生长速度较快，适宜早春时节种植；番茄、辣椒、茄子等收获期长，可以春末种植；夏末秋初适宜种植萝卜、胡萝卜、菜豆等；秋末还可种植菠菜、大蒜等越冬品种。院墙内侧一般通风差，适宜种植一些攀爬蔬菜越夏，如丝瓜、苦瓜、吊瓜等，门前、走道两旁也可搭成棚架供其攀爬，闲暇时可在棚架下面休憩，既凉爽，又惬意。

◆ 窗台与室内

窗台是室内靠近窗户的地方。现代有很多客厅都有落地窗，靠近落地窗的地方光线充足，可以用来种植蔬菜。室内相当于一个很小的温室，可种植反季节蔬菜。也可种植芽菜或将根、茎积累的营养物质转化为绿叶蔬菜，如将大蒜头生产出蒜苗，将干的大葱转化为青葱等是最适宜室内种植的。

庭院种菜

窗台种菜

　　利用窗台种菜，应先确定具体位置是在窗户的外面还是窗户的里面。窗户外面的环境条件和不封闭的阳台环境条件相似，可参考阳台种菜。在窗户里面的窗台种菜和外面有很大差异，在选择蔬菜时要注意以下问题。

　　第一，宜种植能适应弱光和食用嫩叶类的蔬菜。室内的光照条件肯定不如室外，因此室内宜种植在相对弱光下也能正常生长的蔬菜，如菠菜、茼蒿、芹菜、小白菜、芫荽、散叶莴苣等叶菜。可食用嫩叶的萝卜幼株等也很适宜种在室内，它们从幼株开始就可以食用，可以适当种密一点，可随时采摘。

室内种植的蔬菜

室内种菜

　　第二，继续培养已经在露地积累了许多营养的蔬菜。秋、冬季将种在庭院里的芹菜根、韭菜根挖出，栽植在容器里，放在窗台上，可以长出较好的芹菜、韭菜。还可以将大蒜、大葱栽在容器里，培育出蒜苗、青葱。

窗台光照充足

　　第三，种植芽菜。室内是非常适合种植芽菜的，绿豆芽、大豆芽、豌豆芽、萝卜芽等都可以产出。若能买到种子，还可以生产香椿芽、荞麦芽等。注意香椿种子寿命短，不可买陈种子。

　　第四，窗户内侧的窗台一般不宜种植喜光的果菜。通常果菜的生长需要良好的光照条件，而窗户里面的光照较弱，光照时间也不长，同时通风差，昼夜温差小，因此，多数果菜在室内难以健康成长。另外，果菜的茎叶占很大空间，影响室内的采光。

　　第五，室内种植有辛辣味的蔬菜需谨慎。大蒜、大葱、韭菜、藿香等都有较大的气味，如果居室主人不喜欢那种味道就不要种。如果已经种了，可将其移到阳台或不居住的房屋里。

◆ 天台

　　住在楼房顶层的城镇居民可能会有天台，在天台，人们可以和自然亲密接触，这里光照充足、空气流畅，很多种类的蔬菜都可以栽培。屋顶是房屋的顶部，包括平房和楼房的顶部，楼房的顶部人们简称楼顶。

　　天台或屋顶可以用来种菜的面积比较大。但天台或屋顶比较特殊，既不同于平地，也不同于阳台或窗台，而且还有使用权和安全等一系列问题，必须引起重视。

安全问题

　　在天台或屋顶种菜，首先要考虑天台或屋顶的承重力，包括栽培基质、容器、浇的水、人的活动以及雨、雪等的重量。这些都增加了原来天台或屋顶的承重。如果只是松散地摆放少量花盆一般不会有问题，如果种得比较多，就应该算一下房屋的承载力，这是一个比较专业的问题，如不能解决，应寻求专业人士的帮助。

天台种菜

　　其次，要考虑人的安全问题。屋顶四周一定要装防护栏，这可以很好地保护栽培蔬菜者的人身安全。注意千万不能让儿童到屋顶玩耍。

　　再次，要保护容器的安全。屋顶风大，尤其是沿海地区，风力更强，必须加固挡风墙。在容器里种植高株蔬菜，要将容器固定在屋顶护栏上，防止被大风刮下屋顶，伤害到他人。如果有供蔓生蔬菜攀爬的支架，也要预防被风刮倒。

　　最后，注意防雷。楼房屋顶是有防雷设施的，千万不要损坏。雷雨天不要到屋顶劳动。

建有安全护栏的天台菜园

绿意盎然的天台

卫生问题

在天台或屋顶种叶菜，一次不要施用过多的氮肥，以免蔬菜中硝酸盐的含量过高。可用生活中产生的有机垃圾沤制有机肥，在沤制过程中应注意防止滋生蚊蝇，沤制容器要有盖，以免影响周围环境。另外，室内和阳台最好不要使用沤制肥，以免影响室内气味。

在露台或屋顶种菜难免会招来一些小虫子，在夏天尤其明显。因此在天台进入屋内的门上最好挂一个门帘，可有效防止虫子进入居室内。

浇水问题

屋顶风大，蒸发量大，土壤失水快，经常浇水是必不可少的。用容器种菜，每天都要浇水。如果蔬菜种得少，可用桶提水到屋顶来浇水；大量栽培时可用软管把水引到天台或屋顶，有条件的可设置储水池，下雨时可接到雨水。若是不方便，就要选择一些较耐旱的蔬菜种植。

合理应对环境条件

屋顶和南面的天台阳光充足，适宜种植喜光的蔬菜，但由于四周有混凝土和黑色屋面，容易吸收过多的热量，不利于蔬菜生长。屋顶的风一般比较大，如果是背风，在房屋的阻挡下风可以小一些。特别是雨季或台风来临时，风雨交加会很大程度地损害植物，再加上屋顶种植层比庭院种植层要薄，所以抗风、不易倒伏，同时又能耐短时积水的蔬菜是最适宜种植的。屋顶夜间降温快，昼夜温差比较大，有利于大多数蔬菜的营养积累。

天台种菜

天台种菜

合理选择蔬菜

天台环境的优点是面积大、阳光充足、通气性能好，这些都有利于植物生长。一般民用建筑的天台不能承受太多重量，栽培时堆砌深厚的土层不太现实，可采用花盆、木箱等小容器栽种如黄瓜、番茄、青椒、金针菜、荠菜等蔬菜；也可用木屑掺和园土或腐叶土配制成轻质培养土，种植丝瓜、苦瓜、莴苣、茼蒿、木耳菜、空心菜等；还可以利用棚架种植攀爬蔬菜，如丝瓜、扁豆角、长豇豆等。

天台种菜

种菜的准备工作

◆ 准备种植工具

栽培容器

城镇家庭除了在庭院可以将蔬菜种在土地上，其他地方基本都要用到容器或栽培槽。栽培蔬菜的容器有很多，通常用容器上口直径的厘米数来表示大小，一般应选用上口直径 20 厘米以上的容器。

用泡沫箱栽培的蔬菜

用不同容器栽培的蔬菜

注意事项

用在天台、楼顶的容器不必看重其外观，经济实用是最重要的，也可以使用由生活中的废弃物改装的容器。另外，容器不能过小，以免装的土壤或栽培基质不能满足蔬菜生长的需要。

第一，栽培容器必须有排水孔。除了栽培水生蔬菜外，栽培其他蔬菜的容器都必须保证底部有排水孔，保证排水通畅。这是因为容器排水不良，会导致植物根系窒息腐烂。但排水也不能过快，这会使植物缺水。市场上售卖的花盆、花槽等容器，底部都有排水孔。自己用生活器物改装的容器，必须要钻一些排水孔才能投入使用。至于排水孔的大小和多少根据容器本身大小来定，一般可在底部周围均匀地钻几个直径1厘米左右的排水孔。为避免浇水时泥土被携带流走，可用碎的花盆瓦片、窗纱、粗沙砾或小石子覆盖住排水孔，但不能阻碍排水。

用花盆种菜

第二，材质的选择。除用锯末高压处理的容器外，陶制、木制、塑料、泡沫等材质的容器都能选用。但陶制和木制容器排水快，应该多浇水。另外要注意，塑料容器重量轻，培育高株植物时易被风吹倒。

第三，尺寸的选择。栽培蔬菜的容器的尺寸千万不能太小，容器大不仅营养充足，蓄水量也大，夏季不会很快干涸。

容器的种类

1. 盆类

盆类容器主要是花盆，花盆的种类繁多，有各种不同的材质，包括泥盆、塑料盆、瓷盆、紫砂盆、釉陶盆等。

泥盆也叫瓦盆，是用黏土烧的。泥盆的优点是价格便宜，规格齐全，且泥盆的盆壁有细微的孔隙，有利于土壤中的养分分解和排湿透气，对蔬菜根部的正常生长有利。缺点是质地比较粗糙，观赏效果不好，用的时间长了，容易破碎；水分散失快，得勤浇水，费工费水。

塑料花盆也是很常用的，轻便、干净、价格较便宜、外形多样、颜色丰富。缺点是透气性、排水性差，且容易老化。

瓷制盆和釉陶盆比较相似，瓷制盆是由瓷泥制成的，外涂彩釉；釉陶盆是在陶盆上涂以各色彩釉。这两种盆都是工艺精致，外形美观，但排水、透气性不佳。

紫砂盆又叫宜兴盆，制作精细，古朴大方，规格齐全，但其透水、透气性能不及瓦盆。

瓦盆

瓷质盆

紫砂盆

塑料箱

2.桶类

桶的深度较大，材质有金属、木材或塑料等，不易破碎，便于移动。

3.缸

缸的材料有陶瓷、玻璃等，尺寸较大，圆形、方形等都有。栽培蔬菜时可选用花缸（因花缸底部有孔）。若用其他缸栽培蔬菜，要在底部打孔。

4.箱类

家庭栽培蔬菜还可以使用旧的木质包装箱、泡沫包装箱或塑料包装箱。若用木质包装箱，应在里面铺一层塑料薄膜，减少土壤和水分对木板的腐蚀。注意各种箱类的底部要有排水孔。

5.袋类

在天台或屋顶上栽培蔬菜，还可以使用旧的塑料编织袋。为了减少水分的蒸发，可在编织袋内部套装一层塑料薄膜。底部也要开几个孔排水。

6. 栽培槽

在阳台或窗台上还可用栽培槽栽培蔬菜，栽培槽可购买，也可以自行制作。

劳动工具

1. 喷壶

喷壶是种植蔬菜必不可少的用具，基本上每天都能用到，培植者不妨都备一个。小喷壶适用于种子发芽和幼苗成长期间，大喷壶则适合植株长大后的浇灌。喷壶可以使蔬菜均匀吸水，利于蔬菜健康成长。

种菜工具

2.花盆底网

在盛放土壤之前，将花盆底网放在花盆底部的排水孔上。它可以有效避免排水时土壤随之流失，还能阻止害虫通过排水孔入侵。

3.喷雾器

喷雾器是治理病虫害喷洒药物时的必备工具。另外，如果蔬菜叶子上落了尘土，也可用喷雾器给蔬菜喷水。同时在植株生病时，还可用其来喷洒一些液态肥料或牛奶等。

4.手套

在栽培蔬菜过程中，手套可以避免培植者直接接触到泥土，既可以保持双手的干净清洁，避免土壤中的细菌侵害双手，又可以避免土壤中的尖锐石块或是棚架上的铁丝伤害到双手。

喷雾器

剪刀

5.剪刀

在蔬菜发育出枝叶或者结出果实时，剪刀也是一个非常重要的工具。用剪刀对蔬菜进行直接修剪与收获，方便快捷，而且能避免手动操作对蔬菜造成的不必要的伤害。但要注意使用后需清洗剪刀，避免土壤或其他异物附着在上面导致生锈。

6.小耙子

当我们对蔬菜生长的土壤进行修整时，就会用到小耙子。它有助于我们在蔬菜生长过程中轻松锄草或是进行松土工作。

7.小铁锹

给蔬菜施肥时，需要用到小铁锹。铁锹可以把肥料与土壤按一定比例进行混合。在移植蔬菜幼苗时，小铁锹能轻易地将植株与土壤一起移出，且保护幼苗不受伤害。购买小铁锹时，最好买铁锹头上涂过防锈油漆的，这样能有效避免生锈。铁锹把手最好是木制的，这样不但用起来舒适方便，在寒冷的冬季摸上去也不会很冰冷。

小铁锹

纱布

带托盘的花盆

8. 纱布

纱布吸水效果好，是很好的保湿材料。将纱布覆盖在浸泡后的种子上，可有效保持种子的湿润程度。在发芽的时候用纱布，有助于芽菜迅速生长。

9. 托盘

在阳台、窗台等地方栽培蔬菜，可在栽培容器下面放一个托盘，用于承接浇水时从盆内渗出的水分，防止浇灌的水直接流在阳台或地面上，既可有效保持阳台的清洁，还可为土壤保留水分。

10. 盆脚

放在花盆的下面，帮助通风和透气。

废物利用

其实，在家里打理小菜园，没有那么专业，也不需要非得到市场上买一堆沉甸甸的花盆和专门的器具。生活中有很多东西都可以用来充当容器和工具。

例如，一次性塑料杯，虽然比较小，但比较深，可以用来种植一棵蔬菜或者是用来做育苗盆或是泡发种子。大冰激凌盒、方便面桶可以用来种植一些叶菜，如油麦菜、菠菜、油菜等。可以用塑料布或漂亮的塑料纸将盒子里外包装一下，能起到较好的防水作用。大饮料瓶、油桶也能种叶菜，用剪刀把上部减掉，在下面扎好排水孔就可以了。生活中的泡沫箱也有很多，利用这类泡沫箱我们可以种植大一些的蔬菜或者是多种植一些蔬菜，泡沫箱容积大、重量轻、存水性较好，很适合种菜用。坏了的水桶、废弃的洗脸盆可以用来种植大一些的蔬菜，如番茄、瓜类和茄子等。纸箱虽然不防水，但用隔水的塑料袋将纸箱包装严实、扎好排水孔，照样可以将其变成好用的种菜容器。另外，一些买土或盛米面的塑料袋也可以纳入种植蔬菜的容器范围之内，用这些大一点的袋子我们可以种植马铃薯、山药、地瓜等。

塑料瓶种菜

阳台饮料瓶种菜

除了种菜的容器，劳动工具也可以在家里找到。厨房里搁置已久的铁勺和叉子就可以充当小铁锹和小耙子用，松土、移植、混合肥料时都能用到。将一次性筷子用胶带粘起来，就可以制作成一个简单的支架。除此以外，筷子还可以在搭架时插入土中做支撑点。容器下的托盘也可以用厨房中的盘子代替。

勺子、叉子

◆ 栽培土的配制

　　大部分蔬菜的生长都离不开土壤，利用容器栽培蔬菜，容量受到一定程度的限制，对水、肥和土壤等条件的要求更高一些，因此，使用容器栽培蔬菜应根据各类蔬菜品种对土壤的不同要求，自行配制含有丰富养料、具有良好排水和透气性能的培养基质。有条件的可到园艺专卖店购买专业栽培土，一次购买可多年使用。如果要重复使用栽培土，栽种之前应消毒。将栽培土暴晒两三天可杀死部分病原菌及虫卵。将栽培土放入蒸笼上锅后加热至 90~100℃，持续 30~60 分钟可杀死全部病原菌及虫卵。

配制栽培土的种类

1. 园土

　　即耕地的土壤，是田地、菜园、果园等地表层的土壤，含有一定的腐殖质，比较透气，配制培养土的时候用到最多的就是园土。

营养土

草炭

2. 草炭

又名泥炭土，有机质含量丰富，疏松，透气、透水性能好，保水、保肥能力强，质地轻，无病菌和虫卵，是配制栽培用土的好原料。可到园艺公司购买。

3. 腐叶土

又名山皮土，主要存在于树林中靠近沟谷的底部。腐叶土含有大量的腐殖质，保水性强，透气，土质疏松，有利于保肥及排水，是配制培养基质的优良原料。

4. 河沙

河沙主要来自河滩，有粗沙和细沙之分。粗沙虽然利于排水，但其本身没有肥力，因此常把它掺入其他较细的培养土中使用，便于排水。

河沙

塘泥　　　　　　　　　　　　　　　　　　　　木屑土

5.塘泥

顾名思义，就是河塘里面的污泥，比较有营养，排水性能好，呈中性或微碱性，南方菜园主人用得较多。挖取池塘泥时要注意不要使用受污染的塘泥，挖成一块块薄块，回家后晒干贮备，用时将薄块打碎。

6.厩肥土

厩肥土是牛粪、马粪、猪粪、羊粪、禽粪与泥土、杂草等经过堆积发酵腐熟而成的，腐熟后要晒干和过筛以后才能使用。厩肥土含有丰富的养分及腐殖质，一般可作为基肥掺入培养土。

7.草木灰

树木落叶或杂草燃烧后的灰烬就是草木灰，含钾肥，偏碱性，可用于城镇家庭栽培蔬菜。草木灰可以疏松泥土，对排水有利。

8.木屑

将木屑堆制发酵腐熟后，与泥土配制，可使栽培土疏松，保水性能良好，是近些年新兴起的栽培基质材料。

配好的营养土

配制方法

1. 播种及幼苗用土

腐叶土 2 份，园土 1 份，厩肥少量，河沙少量；也可以用腐叶土 1 份，园土 1 份，砻糠灰 1 份，厩肥少量。

2. 耐阴湿植物用土

腐叶土半份，园土 2 份，厩肥土 1 份，砻糠灰半份。

3. 喜酸性植物用土

用山皮土或腐叶土、园土再加少量河沙即可。

4. 多浆植物用土

可用河沙半份，园土半份，腐叶土 1 份；也可以用砖渣 1 份，园土 1 份。

装填步骤

栽培土的装填并不像想象中那么容易，我们要注意以下几个问题，不然会影响蔬菜移栽后的生长及蔬菜的后期管理。

1. 清盆

清理栽培盆内外泥土，洗净风干，最好能暴晒一下。如此可以防止栽培盆中有病原，另外，清洗干净也更加美观。

2．放排水物

盆底放一层粗粒栽培土或粗沙、小砾石等，也可以用其他不可溶的小固体代替，它们能起到过滤的作用。

3．填栽培土

排水物上填一层栽培土。

4．植苗

左手扶稳菜苗，右手填土。要保证苗正，根系流畅，盆内栽培土在疏松状态下与盆面齐平，不可填得太满，不然容易弄脏阳台、窗台等地。蔬菜幼苗很脆弱，植苗时要格外小心，不要将其折断或损伤。

5．镇压

用双手沿盆边将盆内栽培土按紧。按紧盆内栽培土后，轻轻抖动花盆，使盆土面呈龟背状。

◆ 播种与种植

准备种子

前面的工作都准备好了，我们就需要考虑种植哪种蔬菜了。准备蔬菜种子要受以下三个条件制约。

第一，要充分考虑种植场所的空间和环境条件。通常来说，如果能在天台或庭院搭架，就可选择种植高秆的或爬蔓的蔬菜；而阳台、窗台或室内由于空间较小，应尽量种植一些低矮的蔬菜。

菜豆种子

白芸豆种子

　　第二，要根据栽培季节，选择适于当地种植的蔬菜种类。不同的季节，选择不同的蔬菜品种。如夏秋种植蔬菜，应选择早熟、耐热的品种；而冬春种植蔬菜则应选择晚熟、耐寒性强的品种。

　　第三，要选择高质量的种子。高质量的种子能满足人们的需要，以纯度、净度、发芽率作为评判标准。要上市销售的蔬菜种子从外观包装到内在质量都要符合国家规定的标准，我们应购买正规公司的蔬菜种子，还要注意有效期、是否标明发芽率等问题。

市场售卖的油菜种子

浸泡种子

处理种子

播种前要先处理好种子，这是个关键步骤，可以有效提高种子的利用价值，促进萌发与生长，还能防治病虫害。

种子常常带有病原菌，因此我们先对其进行消毒，再播种，可减少病害，有利于蔬菜健康成长。处理方法主要有晒种、温汤浸种、种子消毒、催芽、药剂处理等。

1. 温汤浸种

这种方法简单方便，很适合家庭种菜使用，既可以促进种子吸水，还能杀死种子表面的部分病菌。具体做法是将种子放在 50~55℃ 的温热水中浸泡 10~15 分钟，中间要不断搅拌，然后当水温降至 30℃ 左右，继续浸泡一段时间即可。浸泡好后，进行催芽或晾干表面水分就可以播种了。

2. 药剂浸种

药剂浸种可以更为有效地杀死种子表面带有的病原菌，减少病害发生。根据病原菌种类的不同，我们也要选择不同的药剂和处理方法，有针对性地进行消毒处理。若是预防病毒性疾病可用 10％磷酸三钠浸种 15~20 分钟；预防真菌性病害可采用 50％多菌灵可湿性粉剂 500~600 倍液浸种 30 分钟。不同蔬菜对药剂的反应不同，药液浓度、浸泡时间要根据不同的蔬菜种子有所调整，掌握好适宜的浓度和时间。浸泡时，药液量要比种子量多出 2~3 倍，要多搅拌，以免种子没有均匀地接触药液。浸种后，要用清水冲洗 2~3 遍种子，洗净种子表面的残留药剂。

种子露白

专业催芽箱

3. 催芽

　　有些种子在浸种后可直接种植，但有些种子不易发芽，或发芽很慢，这就需要我们进行催芽来缩短育苗时间。家庭菜园的主人可以购买专业的发芽箱，也可以用一些简单的家庭材料来进行催芽。

　　（1）电热毯保温催芽

　　将电热毯铺开，先在上面铺一层塑料薄膜，将包好的种子均匀放在塑料薄膜上，边上放温度计，再在种子上覆盖一层薄膜保湿，最后覆盖棉布等保温，调节好温度进行催芽。

　　（2）利用人体温度催芽

　　如果种子数量稀少，可将浸好的种子用湿布包好，再套上塑料袋，放在贴身的口袋内，利用人体温度也能催芽。

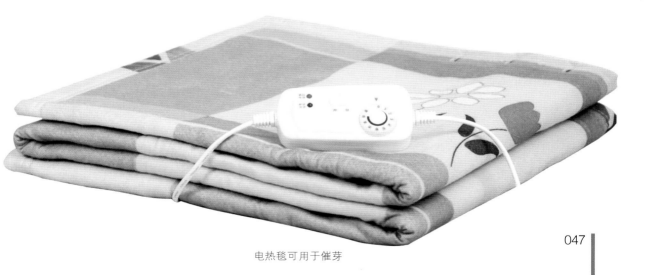

电热毯可用于催芽

（3）冰箱催芽

还有一些蔬菜，喜欢冷凉的环境，如莴苣等，播种期若是外界温度偏高，可将种子放在冰箱的保鲜层进行催芽。将冰箱的保鲜层温度调高，种子浸种后包好，如种子是小粒的，可与湿沙子混匀后装于盘子或瓶子内，放置于冰箱保鲜层，在24~36小时后取出，即可播种。

种子催芽期间，要注意每天两次检查包种子的布是否湿润，如果布偏干要及时补充水分，千万不能让吸足水分的种子脱水，否则会造成种子活力下降甚至死亡。种子表面若有黏液要及时清洗，一般每天应清洗种子1~2次，以免影响发芽。小粒种可在70％种子露白时取出播种。较大粒的种子，在2~3天后大多数都能发芽。挑选出发芽的种子播种，其他种子继续催芽，等到发芽后再播种。

种植方法

不同的蔬菜具有不同的品种特性及栽培习惯，有的可以直接播种，有的可以育苗移栽。一般来讲，在小苗出现3~6片真叶时移栽。移栽时要带着土壤，要小心谨慎，尽量减少根系损伤。定植时，小心地将苗放进定植穴内，填土至与子叶节平，小心轻压土壤，并浇充足的水。

◆ 肥料的使用

肥料是保证蔬菜健康生长的重要条件，家庭种菜也要适时施肥。我们可以直接购买化肥。能用在蔬菜上的化肥种类很多，我们可以选择一些常见并且容易买到的种类。尿素，氮、磷、钾复合肥，磷酸二氢钾等是最常用的。化肥见效快，但没有改良土壤的作用。种植叶菜时不要过量、过晚施用氮肥，要遵照说明书指导进行。

麻酱渣营养土

复合肥

其实，除了使用化肥，我们也可以自制肥料，日常生活中有很多东西都可以作为肥料，它们既可改良土壤，又取材方便，经济实惠，非常适合家庭种植蔬菜。

麻酱渣

家里长时间放置的麻酱底是沤制高效有机肥料的好原料。具体操作方法是：将麻酱渣粉碎后放在罐头瓶中，加10倍量的水，搅拌均匀后盖严盖子。夏季半个月左右便能发酵，形成腐熟了的浆状发酵物。再加水稀释20~50倍，搅拌均匀后形成浓茶色液体，上等有机液体肥料便做好了。在自制麻酱肥料的过程中需注意以下几点：第一，施用的液肥必须充分腐熟；第二，必须按一定比例加水稀释，降低浓度后才能使用，且用的时候应少量多次。另外，将麻酱渣、豆粕饼与园土按1∶5混合，经堆积腐熟，还可以作为基肥施用。

豆渣

　　随着豆浆机的流行，很多家庭都自磨豆浆，剩下的豆渣也可以用于家庭菜园。豆渣含有蛋白质、多种维生素和碳水化合物等营养物质。我们可以将豆渣收集起来，装入大可乐塑料瓶中，加入 5 倍清水，盖上盖子，等待其发酵。夏季约 10 天，春秋季约 20 天就可发酵好，使用时再按 1：1 的比例加入清水即可。

淘米水、洗肉水、洗鱼水、剩牛奶等

　　找一个大口径的塑料瓶或塑料桶，把我们日常生活中的淘米水、洗肉水、洗鱼水、剩牛奶等倒进去，若是有烂菜叶、苹果皮、鱼内脏等都放进去，然后盖紧瓶盖，防止臭味溢出，促进发酵。隔段时间摇晃几次，使其充分混合，经过一段时间的放置，液体发酵完全，臭味就会消失了，也就可以经稀释使用了。

豆渣

药渣

中草药渣

中药煎煮后会剩下许多药渣，不要扔掉，这也是不错的肥料。中药的成分大多是植物的根、茎、叶、花、实、皮以及禽兽的肢体、脏器、外壳，还有部分矿物质，这些成分含有丰富的有机物和无机物。中药渣包含了植物生长所需的氮、磷、钾类肥料，此外，还可以改善土壤的通透性，非常有利于蔬菜健康生长。使用时可将中药渣装入缸、钵等容器内，放入园土搅拌，再掺些水，沤上一段时间，待药渣溃烂变成腐殖质后方可使用。通常是把药渣当作底肥放入盆内，也可以直接拌入栽培土中。

草木灰

收集完全干的树叶或枯草，将其点燃，剩下的灰烬是一种很好的钾肥。种植果菜时，在结果期加入一定量的草木灰，可使植物结出硕大饱满的果实。另外，草木灰还能防治病虫害。

常见蔬菜的种植技术

◆ 疏苗

　　疏苗也叫匀苗或间苗，是指把过密的幼苗移走或拔除。在直接播种时，我们应使种子和种子之间的距离大于实际需要的密度，这样就保证了幼苗有足够的生长空间。而当幼苗生长到一定阶段，只有通过疏苗才能将种子间的密度控制在合理的范围内。疏苗可以避免蔬菜由于距离过密而营养不良，导致幼苗过细；也可以避免植株由于生长条件不协调，出现茎叶发育过旺的现象。

菜苗生长过密时应及时疏苗

植株要保持一定间距

　　我们的第一次疏苗，应在幼苗长出两三片真叶时进行。疏苗的具体步骤是：先将杂草去除，再把杂苗、瘦苗与病苗拔除。疏苗时苗与苗之间的距离应保持在3厘米左右，如果容器不够大，则需要移植。

　　当幼苗长出四五片真叶的时候应进行第二次疏苗。主要是将弱小的或畸形病态的幼苗除掉，此时应将苗与苗之间的距离调整为5~6厘米，还可以适当地进行追肥。

　　此外，要注意，如果种植的是种苗或是种植时留有较大间距，疏苗的次数就要视具体情况而定。另外，不同的蔬菜疏苗的间距也不同。

疏苗要点

　　阴天无风的日子是最适合疏苗的。如果光照强烈、天气炎热，就应该在傍晚时分进行疏苗。风力过大也不适宜疏苗，以免幼苗因水分蒸发过快而死亡。

　　疏苗后应将幼苗周围的土壤聚拢到根部，轻轻按压，以免幼苗东倒西歪。疏苗后，若是将幼苗移植，一定要及时浇水。

适当的时候要间苗

当蔬菜长到一定程度时可定植

◆ 定植

　　蔬菜定植是指当蔬菜幼苗成长到一定程度，一般是长到七八片真叶时，为了蔬菜生长能有更广阔的空间和充足的光照，将幼苗从它原来生长的小容器中移植到更大的容器或庭院土地里。

　　定植前，应先确保移植地的土壤肥沃，排水性能良好，确保定植时土壤有适宜的干湿度。定植的具体步骤如下。

　　第一，根据不同蔬菜的植株行距挖穴或开沟，确保沟穴比要定植的蔬菜的根系或泥团更大更深一些，然后在沟穴底部施予肥料。

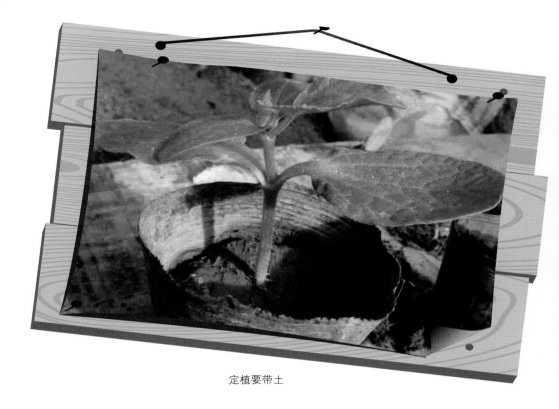

定植要带土

第二，将植株从原容器中挖出来，根据它根系的大小要带着一部分护根土壤，将幼苗栽植到新的沟穴中。幼苗要扶正，当填充的土壤覆盖到沟穴内 2/3 处时，要抖一抖植株，以确保植株的根系与土壤紧密接触。填完之后要用力按压一下根系外围，压紧后再用松土填平。

第三，定植好后要立即浇充足的水。经过几个小时后，最好再用一层细干土覆盖植株。这样做不仅能有效地保留住水分，干土还能吸收多余的热量，这样蔬菜的根系就能在温暖的条件下恢复生长了。定植后第二天要再次浇适量的水，保证充足的水分。

晴天上午是最适合定植的。定植时要小心地铲出连带土壤的植株，千万不要用手直接拔苗，以免损伤根系。定植时如果发现蔬菜根部出现部分枯萎、烂掉的情况，应将其剪去。

◆ 摘心

　　蔬菜摘心又名打顶或掐尖，是指当蔬菜生长到一定高度时摘除蔬菜主茎顶芽。适时对蔬菜进行摘心，可避免植株因长势过旺、茎叶过多而影响果实膨大或阻碍蔬菜主茎长粗壮；能调整蔬菜内部养分流向，提高蔬菜质量。不同蔬菜的摘心时间也不同，应根据蔬菜的类型与特点有针对性地进行摘心，从而促进其生长发育。

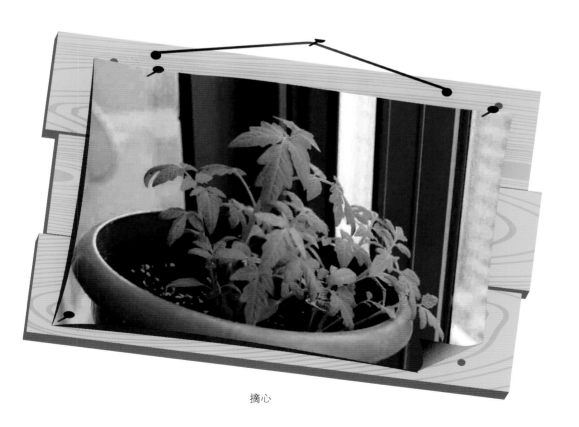

摘心

　　摘心工作的进行要根据蔬菜的生长季节、水肥条件与长势等不同情况来安排，从而使蔬菜内部的营养从输向主茎调整为输向上层叶片和蔬菜的生殖器官。下面我们来介绍一下一些常见蔬菜的摘心方法。

　　像黄瓜、苦瓜、南瓜、冬瓜等瓜类蔬菜的摘心工作可在它们的茎蔓长到两三米时进行，同时要将其中上部的赘芽与分枝剪去，这样养分就会流向幼果，对果实生长有利。

　　像芸豆、刀豆这种豆类蔬菜，应根据品种与所搭支架的高度灵活地调整摘心时间。大豆可在初开花 5 天后摘除主茎顶端 2 厘米。像春豆角与长蔓种可在枝蔓长出 2 米时进行摘心，而秋豆角和短蔓种则可以不进行摘心。注意蔬菜上枯萎与病态的叶子都要去除掉。

摘心

要及时摘除枯叶

　　像番茄、辣椒、茄子等茄果类蔬菜，也要根据不同的生长情况，适时摘心。如茄子，摘心可在它的幼苗长出第5片真叶时进行。待其初开花时，可将两个主枝保留下来，别的侧枝全部去除，并及时摘除枯萎的叶子。

　　对于萝卜、马铃薯等根茎类蔬菜，可以根据蔬菜生长的具体情况，确定摘心的时间。如马铃薯，摘心可在其长出第9片真叶时进行。为提高马铃薯的产量并能提前结果，当分枝长到七八片叶子时，可把根部的三四个分枝压埋在土中，将少部分的茎尖露出，从而使茎节处的潜伏芽在土壤下长出匍匐的茎蔓，直至两个月左右其顶端膨大长成薯块。

蔬菜摘心

蜜蜂授粉

晴天上午或露水干后是最适合摘心的，这样的时段有助于植物伤口愈合，还能避免病菌入侵造成病害等。如果蔬菜定植后一直不健壮，应把传统的摘心时间提前，最好在其营养旺盛之际提前进行摘心工作。

◆ 授粉

众所周知，植物的雌花和雄花的花粉相遇才能够完成授粉，进而长出诱人的果实。庭院或天台上种的蔬菜，由蝴蝶或蜜蜂等昆虫来帮助它们完成授粉，而室内种植的蔬菜，就需要我们来进行人工授粉了。人工授粉就是用人工措施将植物的花粉传递到柱头上以提高坐果率的技术措施。

雌花

　　两性花，也就是雌雄同花的蔬菜的花，如番茄、辣椒等，一般情况下可以完成自然授粉，但是，如果气温过低（夜温低于 10~12℃、日温低于 20~22℃）或过高（夜温高于 20~22℃，日温高于 32℃）时，就不容易自然授粉了。我们可以轻微摇动花序或晃动植株来帮助蔬菜完成人工授粉。我们还可以找一支毛笔或者棉签在一朵花的花柱上来回涂抹，这样也可以进行人工授粉。

　　一般瓜类蔬菜都属于雌雄异花的蔬菜，如果是在室内种植必须要人为帮助其授粉。具体方法是，把雄花摘下来，扣在雌花上或者是用毛笔、棉签将雄花上的花粉涂抹在雌花上。这里要注意，黄瓜虽然是雌雄异花的植物，但是不需要人工授粉。

　　有很多家庭菜园的主人可能分不清哪种植物是雌雄同花，哪种是雌雄异花，甚至不知道何为雄花，何为雌花。如果实在辨别不清的话，可以用毛笔或者棉签在几朵花之间相互涂抹，这样也能完成人工授粉。

丝瓜雄花

◆ 轮作

轮作是指按一定的年限，在同一片土壤上轮换种植不同性质蔬菜的栽培方式。轮作与连作是相对而言的。而连作是指在同一片土壤上长期或连年种植相同作物或同科其他作物。如果同一片土壤总是种相同的或同一科其他类别的蔬菜，土壤质量就会越来越差，植株病虫害现象也会越来越严重。因为同科其他类别蔬菜易患的病虫害基本是相同的。所以，我们种菜时，应实行轮作的栽培方式，在同一土壤中换不同科的蔬菜种植，这样病虫害对蔬菜的侵袭就会大大降低。而且不同科蔬菜对土壤中养分的需求也不同，轮作不会过度消耗土壤中的某一种养分。轮作可以充分利用土壤肥力，减少蔬菜遭遇病虫害的概率，有利于蔬菜茁壮成长。下面我们来具体介绍一下轮作方式。

不同蔬菜需要的养分也不同。通常说来，菠菜、生菜等叶菜类蔬菜更多地需要氮肥，辣椒、番茄等茄果类蔬菜更需要磷肥，而地瓜、马铃薯等根茎类蔬菜则对钾肥的需求量高。所以，这三类蔬菜可以进行轮作，在种植了需氮较多的叶菜类蔬菜后可以种植一些需磷较多的茄果类蔬菜。如果同一片土壤中总是种植需氮多的叶菜类蔬菜，久而久之，土壤肥力就会下降，营养元素失衡，蔬菜就难以健康成长。

种过南瓜的土适宜种葱

不同蔬菜对肥料的吸收速度也不一样。总体来说，芹菜、菠菜、黄瓜等吸肥速度较快，番茄、辣椒、茄子等吸肥速度较慢。实行轮作战术时，可将吸肥快的蔬菜与吸肥慢的轮换进行种植，从而充分利用土壤中的肥力。

有的蔬菜根扎得深，有的扎得浅，如果我们把根系深浅各异的蔬菜进行轮作，土壤中不同层次的养分就可以被充分吸收。总体来说，豆类、瓜类、根菜类蔬菜的根扎得较深，而葱蒜类与叶菜类的根比较浅。

不同蔬菜在生长过程中对土壤的酸碱度要求也是不同的。如种植南瓜、玉米后的土壤酸度会降低，而葱类蔬菜对酸性土壤较敏感，若此时轮种一些葱类蔬菜，会取得不错的效果。而种植过甘蓝和马铃薯后，土壤酸度会增加，如果此时种葱类蔬菜则会大量减产。

前面已经讲到过，不同科别的蔬菜易患的病虫害往往是不同的。为了避免病菌滋生、虫害蔓延，应尽量轮种一些不同科的蔬菜以抑制病虫害的发生。例如，在种植葱、蒜后若改种大白菜，可大大降低白菜软腐病的发生几率；而在种植黄瓜后，最好轮种一些非瓜果类蔬菜，可有效抑制病虫害。

不同种类的蔬菜，对土壤中杂草的抑制作用也不相同。如芹菜、洋葱和胡萝卜，这类蔬菜叶片小且出苗慢，种植这类蔬菜的土壤中很容易长杂草。轮作时可选择一些叶片较大且生长速度快的蔬菜，如甘蓝、马铃薯、瓜类与豆类等。这些蔬菜种植密度较大且叶片对地面覆盖力大，能有效抑制杂草。

芹菜地易长杂草

◆ 搭架

　　如果我们要种植黄瓜、苦瓜、番茄等藤蔓类的需要依靠其他物体支撑生长的蔬菜，就需要学会搭架。攀爬类蔬菜只有经过搭架才能有足够的生长空间。

　　搭架非常有利于果菜与蔓生类蔬菜的生长，架子不仅为蔬菜提供了可以攀附生长的条件，有利于蔬菜的通风，获得更多的光照，还能有效减少病虫害的发生。

　　一般在蔬菜长到 30 厘米左右时就要进行搭架了。搭架前先给蔬菜浇些水，等水分被充分吸收后再搭架，这样搭架用的竹竿或木棍比较容易插入湿润的土壤。

　　搭架用的材料主要有铁丝、竹竿、绳子等，废弃的书架框等材料也可以用于搭架。若在阳台搭架，阳台环境中固有的窗户、护栏等都可在蔬菜需搭架时被利用。下面我们介绍两种简易的搭架方法。

黄瓜搭架

葫芦搭架

蔬菜搭架

　　第一种是利用竹竿搭架。首先，在花盆的边缘处插入三根竹竿，要插深一点，最好插到底，这样才稳固，再将三根竹竿的顶端用铁丝绑在一起。如果有两盆以上的蔬菜需要搭架，可将两盆蔬菜挨着放，并在绑好的两个架子间的顶端再横放一根竹竿，这样不仅支架会更稳固，还增加了蔬菜可攀爬的空间。架子搭好后，待蔬菜长出藤蔓时，人为将其固定在竹竿上，以后蔬菜藤蔓自然就会依附于竹竿攀爬生长了。这种类型的架子适合种植一些如番茄般藤蔓较发达、果实较大的蔬菜类型。

豆角搭架

　　另一种是利用绳子来编织支架。首先，找一根长绳，用绳子一端环绕盆身一周并捆绑结实。其次，将绳子的另一端绕过高处的晾衣竿，然后再固定在环绕盆身的绳子上即可。这种搭架方法适合种植一些像小黄瓜、山苦瓜类的小型瓜果。

◆ 浇水

用喷壶代替漫灌

　　我们都知道要想让蔬菜茁壮成长、健康水灵，浇水是必不可少的。花盆中若缺水会造成土壤干涸，这样会导致蔬菜根系无法吸收水分和养分，造成蔬菜停止生长。水在渗入土壤时不仅能溶解土壤中的肥料，还会给蔬菜根系的呼吸提供充足的氧气，因此勤浇水的蔬菜会水灵美观、光彩照人。所以，一定要养成定期为蔬菜浇水的好习惯，特别是室内或阳台上的蔬菜，都是种在容器中的，容器本身储水量有限，因此，在浇水管理上就更需要我们重视了。多久浇一次水，一次浇多少水，都是我们需要注意的问题，浇水也并不是那么容易的。

　　如果蔬菜不缺水，我们还一直浇水，会造成土壤过湿而伤害蔬菜根部。当土壤表面变干燥时，我们才可为蔬菜浇大量的水，这种情况下，要一次性浇透至水从花盆底部流出为止。浇水应视盆内土壤的缺水状况而定。

　　另外，还要注意，浇水时应浇在土壤上和蔬菜根部，不要浇在蔬菜叶片上，这样会造成叶柄、花朵营养不良甚至脱落。因此，浇水时应一边调节水压一边朝土壤各个地方和蔬菜根部进行浇灌。若想使蔬菜叶片时常翠绿欲滴，可使用喷壶喷洒蔬菜叶，这样也有助于保持空气的湿度。

可用喷壶喷菜叶

给蔬菜浇水

　　浇水时应使用正常温度的水，不要过凉或过热。夏季若自来水的温度过高，可把水接好放置一段时间，待其降温后再进行浇灌。冬季若是水温过低，也要把水接好后放置一段时间，待升温后再浇灌。

　　蔬菜处于不同的生长期，浇水方式需要有所不同。当蔬菜处于育苗期时，要用小水流慢慢浇，以免水流过大将种子冲走或对种苗造成伤害。最好采用小喷壶，把喷嘴反过来朝上，让水流轻轻洒落下来。在蔬菜播种后和出芽前，一定不能让土壤缺水，要保持湿润，可少量多次地进行浇灌。

　　当蔬菜进入生长期时，也就是生叶和长根之际，一定要保持大量的水分供给。此时宜采用大喷壶，浇水时喷嘴朝下，在靠近植株的周围进行浇灌。

蔬菜浇水·小·贴士

1. 不要过分浇水。浇水太频繁、量太多会导致蔬菜根系无法呼吸，严重时会造成根系腐烂，因此一定要把握好浇水的量与次。

2. 早上是最适合浇水的时段。如果想中午浇水，一定要先把花盆搬到阴凉处，待蔬菜根部自行降温后再浇水。晚上和正午光照下是不适合浇水的。

3. 蔬菜在定植与移植前后，在天气干燥、风力强的时候要格外注意补水，浇水频率以一天一次为宜。

4. 每次浇水后，应把花盆下边托盘里的水倒掉，这样排水孔才能好好通气，以免出现根部腐烂的情况。

浇水

◆ 施肥

由于蔬菜生长需要的所有营养，土壤并不能完全提供，所以在蔬菜生长期间有必要对其进行施肥，以便蔬菜能茁壮成长。

施肥是有依据的，不能胡乱施肥，一般是依据土壤条件和蔬菜情况而定。

土壤的质量是施肥前一定要考虑的，只有当土壤中的某一元素含量满足不了蔬菜的生长需求时，才需要施肥。如果只是一味地对土壤施加肥料，而不考虑土壤中已有的养分，非但不能起到良好的施肥效果，还会因某种元素供给过盛而损害蔬菜的健康，而且这也是对肥料的浪费。土壤本身含有很多微量元素，它们可以满足蔬菜需求，只有像氮、磷、钾与钙、硫、镁等元素缺少时才需要适量补充。所以，施用肥料时一定要依土而定，这样才是合理施肥。

合理施肥蔬菜才能茁壮成长

合理施肥

　　施肥也要依据不同蔬菜的品种，有针对性地施用肥料。通常说来，茎叶类蔬菜适合施用含有氮元素的肥料，当茎叶类蔬菜缺乏氮元素时会长势弱小、幼叶枯黄，这时候施加氮肥可使蔬菜生长茂盛。在蔬菜开花时期，一些果菜类蔬菜的叶子会长红斑，此时适宜施加磷肥。而含钾元素较多的肥料多用于补充根菜类蔬菜的蛋白质和淀粉。所以，施肥时一定要根据不同蔬菜合理选择肥料。

四字施肥法

冲：将化肥撒在土壤表面，再浇水，营养成分会随水进入根系周围的土壤。

撒：先给蔬菜浇水，然后将肥料直接撒在土壤表层。

埋：在植株间距和行距之间挖一些沟壑，将肥料放入其中，然后再掩埋好。

喷：将肥料按照一定比例稀释后，喷洒在蔬菜表面。

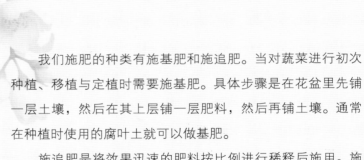

　　我们施肥的种类有施基肥和施追肥。当对蔬菜进行初次种植、移植与定植时需要施基肥。具体步骤是在花盆里先铺一层土壤，然后在其上层铺一层肥料，然后再铺土壤。通常在种植时使用的腐叶土就可以做基肥。

　　施追肥是将效果迅速的肥料按比例进行稀释后施用。施用时注意不要将其直接洒到花朵和叶片上，也不要与植物根部直接接触，具体的施肥量可以参照购买的有机肥包装说明。

常见病虫害

无论是在容器中栽培的蔬菜还是在土地上栽培的蔬菜，都会遭到各类病害和虫害的侵犯。因此，菜园主人应注意检查蔬菜的叶、茎等器官是不是生长良好以及有没有出现害虫。如果蔬菜生长得不好，首先要考虑是否为水分、光照、温度等环境问题或基质肥力问题造成的。如果不是这些因素，就要考虑是不是病害或虫害了。

家庭小菜园的种植数量有限，防治食叶害虫并不复杂，经常检查蔬菜植株，特别是叶片，一旦发现虫害可以人工消灭，尽量不用农药。但在特殊气候条件下，可能会遭遇病虫害严重的情形，这时可用生物农药防治，必要时还要使用化学农药。

◆ 识别常见害虫

1.红蜘蛛

红蜘蛛又名棉红叶螨，是危害蔬菜的主要害虫，该虫的危害范围十分广泛，茄科、豆科、葫芦科蔬菜都难逃其害。它以成螨、若螨群集中在菜叶背面吸取汁液，受害叶片上会出现灰白色或枯黄色细斑，严重时叶片干枯脱落，影响蔬菜健康，造成植株早衰、枯萎。

红蜘蛛

2. 菜青虫

十字花科蔬菜易受菜青虫危害，其中白菜、生菜等受害最严重。叶片会被幼虫吃得布满孔洞，严重时全叶被吃光，仅剩叶脉和叶柄。

3. 烟青虫

番茄、辣椒、茄子、白菜等蔬菜受烟青虫危害较严重。

4. 棉铃虫

番茄最易受棉铃虫危害，除此之外，茄子、辣椒等也常受到棉铃虫蛀食。植物的花和果都是棉铃虫蛀食的对象，可造成大量落花、落果，引起果实腐烂。

菜青虫   棉铃虫

粉虱

5. 粉虱

粉虱的繁殖能力很强，其以成虫或若虫群集于蔬菜叶背刺吸寄主汁液，受害叶片会变黄、萎蔫甚至枯黄。此外，粉虱还能分泌蜜露导致植物患煤霉病及传播多种病毒病。

6. 地蛆

地蛆主要危害蔬菜的地下部分。幼虫蛀食萌动的种子或幼苗的地下组织，引致腐烂死亡；成虫在蔬菜的根部产卵，孵出的幼虫从叶柄基部钻入植株的嫩茎内，会造成蔬菜水分不足，进而引起根茎腐烂直至死亡。地蛆又是传染白菜类腐烂病病菌的重要媒介，受害的蔬菜特别容易患软腐病。

7. 线虫

蔬菜的根部易受线虫危害，可造成植株纤细衰弱，严重时，叶片黄化、叶缘干枯。在土壤中有根系存在的地方，通常都能发现线虫的踪迹。线虫多数存活于土表下 10 厘米左右处，营寄生生活，大多数的线虫是专化寄生的，适宜生存在土质疏松、有机质较多的土壤中。线虫除蛀食蔬菜根部，还能帮助其他病原物进行传播。

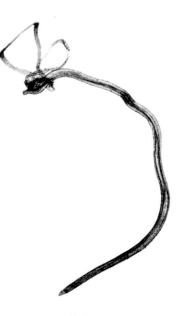

线虫

地老虎　　　　　　　　　　　　　　　　　蚜虫

8. 地老虎

地老虎幼虫对蔬菜影响极大，它可将幼苗近地面的茎部咬断，使整株蔬菜死亡。

9. 蚜虫

主要以成虫、若虫密集在蔬菜幼苗、嫩叶、茎和近地面的叶背，刺吸汁液。蚜虫繁殖量大，特别严重时可造成受害蔬菜失去水分和营养，导致叶面皱缩、发黄。此外蚜虫还可以传播病毒病，使蔬菜患病，造成更严重的后果。

◆ 蔬菜虫害的诊断

蔬菜的虫害如果不是特别严重，我们是可以进行防治的，这就需要菜园主人能对蔬菜虫害进行诊断。下面我们来简单介绍一下受到害虫危害后蔬菜的症状，这样菜园主人就可以对症下药。

被害虫侵害过的蔬菜

如果叶片被食，形成缺刻，通常是被具有咀嚼式口器的鳞翅目幼虫和鞘翅目害虫所食。若叶片上有线状条纹或灰白、灰黄色斑点，这一般是被具有刺吸式口器害虫，如叶蝇或椿象等害虫所害。菜苗若是被咬断或切断，通常是蟋蟀或叶蛾等所为。而各种蚜虫属于吸汁排液性的害虫，它们会产生蜜露状排泄物，覆于蔬菜表面形成黑色斑点，引发煤霉病。甜椒和尖椒容易出现心叶缩小并变厚的现象，这通常是螨类害虫造成的。还有一些害虫会进入蔬菜的体内，危害蔬菜内部，此时我们从外部很难看到它们。若发现菜株上或周围有新鲜的害虫粪便则可判断害虫在菜体内为害。如果粪便已经干了，则表明害虫已经转移到其他地方，此类害虫多为蛾类害虫。如果菜苗上部枯萎死亡，这表明蔬菜根部受到了损伤，很可能是受到了地下害虫损害，如蝼蛄、根螨、根线虫等。

椿象

蝼蛄

蟋蟀

　　如果蔬菜具备了上述特征，首先要排除其他因素的影响，如肥料或水分过多造成蔬菜苗上部萎蔫死亡等。其他因素排除了，再根据这些特征来判定是受到了哪类害虫危害，并采取相应的防治措施。可以选择手工除虫，但是要戴好手套。若是发生病害，应及时移除受害病株。

◆ 识别常患疾病

1.灰霉病

　　莴笋、小番茄易患灰霉病，病症表现是植株颜色变浅，叶子和叶柄上有水渍状灰白色痕迹，植株会逐渐软化，严重时会腐烂。

番茄灰霉病

黄瓜霜霉病

辣椒炭疽病

辣椒病毒病

2. 霜霉病

植物患霜霉病的特征是叶子表面或背面有水渍般黄色斑点，叶背会有一层犹如霜一样的霉层。黄瓜、萝卜、甘蓝易患此症。

3. 炭疽病

丝瓜、瓠瓜、芸豆、豇豆、辣椒易患炭疽病。症状是叶片上有白色水渍状的小斑点，慢慢地会变透明，叶子容易穿孔。

4. 病毒病

病毒病的症状是叶子表面会出现深浅相间的斑驳形状，同时还会皱缩。这种病主要危害辣椒、芥菜、菠菜、苋菜等。

西红柿软腐病　　　　　　　　　　　　　　　　　　　　　西葫芦白粉病

5.软腐病

软腐病的症状是植株根部变软、腐烂，并伴有难闻的气味。西红柿、大白菜、香芹、西芹、洋葱等易受软腐病侵害。

6.白粉病

南瓜、苦瓜、西葫芦、蚕豆易患白粉病，蔬菜叶片上会有一层白面似的白色斑点。

◆ 识别矿质元素缺乏症

许多人对蔬菜矿质元素缺乏症不太了解，不少人还把某种营养的缺乏造成的症状当成病害来医治。下面我们来简介一下蔬菜缺乏矿质元素的症状。

缺乏氮元素的表现

蔬菜如果缺氮会变得植株矮小，生长缓慢，茎短而细，多木质化。叶片小，叶的颜色浅淡、发黄，自老叶向新叶逐渐黄化，干枯后则呈浅褐色。结球菜不易结球或结球不良；根菜类根不易膨大；茄果类蔬菜的花、果发育迟缓，异常早熟，种子少等。但是缺氮的症状常与植物在低温环境下的表现相似，而且温度偏低会影响蔬菜对氮的吸收。种植蔬菜必须及时补充蔬菜正常生长所需氮肥，对于叶菜类蔬菜来说尤其重要。

植株缺氮的表现

缺乏磷元素的表现

　　缺磷症状的表现不是很突出，植株生长缓慢，植株矮小，叶色发暗，无光泽，下部叶片变紫色或红褐色；花少，果少，果实熟得很慢；侧根生长不良，根菜的根不膨大；果菜类延迟结实和果实缓慢成熟。例如，番茄在苗期很容易缺磷，因为幼苗吸收磷元素的能力弱，即使土壤中不缺乏磷，但若气温过低也会影响磷的吸收，因此低温是番茄缺磷的直接原因。

植株缺磷的表现

蔬菜缺钾的表现

缺乏钾元素的表现

　　蔬菜缺钾时表现为老叶叶尖和边缘发黄，后变褐，叶片上常出现褐色斑点或斑块，只有叶中部靠近叶脉处叶色一般不变，严重时幼叶也表现为同样症状。叶菜类若缺钾在生长初期即出现症状，如白菜缺钾，外叶边缘先变黄，后逐渐向内伸展，叶缘枯萎；根菜类在根膨大时出现症状；结球菜类在结球开始时才出现症状，并且叶片皱缩，手摸有硬感；果菜类在果实膨大时才在老叶出现以上症状。

缺乏镁元素的表现

缺镁在中下部新生叶片上表现明显，出现叶脉间斑纹状缺绿症。首先从叶中部开始，以后逐渐扩展到整个叶片，叶片网状组织呈黄色或白色，仅叶脉遗留绿色。如果严重缺镁，叶肉组织会变为褐色而枯萎脱落，开花受到影响，果实产量降低。

缺乏钙元素的表现

蔬菜缺钙会导致植株矮小，生长点萎缩，顶芽枯死，生长停止；幼叶卷曲，叶缘变褐色并逐渐枯萎；根尖枯死，逐渐腐烂；果实顶端亦出现黑褐色凹陷，并逐渐坏死。蔬菜种类不同，其症状也不尽相同。番茄、甜椒缺钙的常见表现是产生脐腐病；黄瓜缺钙的症状是顶端生长点坏死、腐烂。地温过高、土壤缺水、土壤溶液浓度过高时，钙在植物体内输送缓慢，蔬菜易发生缺钙现象，因此若气温过高、天气干旱，一定要注意补充水分。另外，土壤含钙低、土壤盐分含量高、过量施用氮肥，都会影响根系对钙的吸收而引起缺钙。

植株缺镁的表现

蔬菜缺锌的表现

缺乏锌元素的表现

锌与植物生长素的合成和光合、呼吸作用有关。缺锌时新叶产生黄斑，小叶呈丛生状，黄斑逐渐向全叶扩大。

缺乏铁元素的表现

植株缺铁最主要的表现就是绿色缺失，新叶片的最尖端最先出现病症，顶芽和新叶黄白化，最初在叶脉间部分失绿，仅在叶脉残留网状的绿色，以后全部呈黄白色，但不产生坏死的褐斑。

植株缺硼的表现

缺乏硼元素的表现

缺硼症状表现在茎与叶柄处，茎尖坏死，叶和叶柄脆弱易折断。茎、花蕾和肉质根的髓部变色坏死，折断后可见其中心部变黑。白菜、芹菜叶柄产生横向裂纹。

◆ 病虫害的防治方法

病虫害的防治应以预防为主，防患于未然可以减少很多危害。

1.选用抗病品种

同种蔬菜的不同品种对某种病害的抗病能力是不同的，选用抗病品种是预防某种病害最简便易行的栽培措施。

2.清除杂草

菜地里有了杂草应及时清除。杂草不但会与蔬菜争夺养料，还会阻碍光照，造成蔬菜通风不畅，更会成为病害与虫害生长的温床，引发疾病。

3.为种子杀菌

例如，黄瓜、番茄、辣椒、茄子、冬瓜等蔬菜的种子，经过浸种可有效地杀菌和促进发芽。

4. 保持卫生

蔬菜收获后剩下的根、茎、叶以及栽培管理过程中剪下的枝叶、病叶等，都要及时清理，最好完全铲除，否则会滋生病虫害或使病害通过土壤传播。也可以将它们烧掉或和其他材料一起埋起来，通过高温发酵杀死细菌，制成堆肥再次利用。

5. 适时播种

在某些特定气候条件下，许多病虫害会很流行。在夏季高温、潮湿的环境下，黄瓜、番茄、辣椒、茄子等

菜园杂草要及时清理

蔬菜易患病，我们可以在春季用健壮大苗定植，等到夏季来临，蔬菜已经采收了，这样就可以有效减少损失。

6. 控制中心病株

对于一些患病的蔬菜，如番茄早疫病，黄瓜和白菜的霜霉病等可以将早期发病的病叶及时摘除，对病害蔓延可以有效抑制。对中心病株和周围植株重点喷药 2~3 次。及时清理枯萎死亡的病株，烧毁或深埋。

剪除病叶

利用黄板诱杀害虫

7. 及时收获

我们种菜应在最佳收获时间收获，收获晚了不仅影响品质、产量，还容易导致病害的发生。例如，辣椒及时收获能减轻落花、落果和落叶的发生。

8. 轮作

同一块土地上长期种植一种作物，因其根系大量吸收某种特需营养元素后，土壤中的营养元素就会失衡。轮作可有效改善这种现象，把用地和养地结合起来。轮作还可以免除和减少某些病虫的伤害，因寄主的减少而使那些寄生性强、寄主植物种类单一及迁移能力小的病虫大量死亡。

9. 诱杀

利用害虫对光照、颜色等趋性或昆虫保幼激素和性外激素的引诱作用来诱杀害虫，减少虫害。如利用黑光灯诱杀蛾类，利用黄板诱杀粉虱、蚜虫等。

◆ 自制农药

　　防治病虫害不一定非得使用化学农药，我们可以自制农药，不仅制作简单、安全，还能获得非常好的防治病虫效果，非常适合家庭小菜园使用。下面我们简单介绍一些常用的药剂。

　　用1%的碳酸氢铵水溶液直接喷洒在蔬菜叶上，可防治黄瓜霜霉病。用2%的小苏打水溶液喷洒植株可防治瓜类白粉病。用2%的过磷酸钙水溶液可防治辣椒上的棉铃虫和烟青虫。自制辣椒水对蚜虫、菜青虫、红蜘蛛、粉虱都有很好的防治作用。具体制作方法是，锅中加入辣椒粉或干辣椒50克，再放入500毫升水，煮沸30分钟，用布过滤，将剩下的辣椒水晾凉，取一部分辣椒水，再加入4倍的水，搅匀后喷洒在蔬菜叶两面。洗衣粉水可防治蚜虫、红蜘蛛、粉虱、翅目幼虫、蝶类幼虫。制作方法是取适量洗衣粉，稀释500倍，直接喷洒植株，最好喷洒到虫体上，害虫死后，最好用清水喷洒植株。取适量米醋，加水稀释150~200倍，喷洒在植株上，可治疗白粉病、黑斑病、霜霉病，在米醋水中加入少许洗衣粉，效果更佳。另外，尿洗合剂和烟草石灰水都能有效防治蚜虫、红蜘蛛、粉虱等，效果达85%以上。尿洗合剂的配制方法：

小苏打

生石灰

将 10 克尿素、2.5 克洗衣粉、4 克食盐，溶在 1~1.2 千克的水中即可。配制烟草石灰水需要准备烟草 10 克、生石灰 10 克、水 300 克。先用 100 克开水浸泡烟叶，并盖上盖子，等水温降到不烫手时用力揉搓烟叶，然后把烟叶捞出，放在另外 100 克清水中继续揉搓，最后将 200 克烟叶水倒在一起。再在 10 克生石灰中加入剩下的 100 克水配成石灰乳，用粗布过滤除渣，再将烟叶水溶液和石灰乳混合在一起，搅拌均匀后，就可以喷洒了。若在烟草石灰水溶液中加入 0.3 % 的肥皂水，杀虫效果更佳。烟草石灰水中的烟碱，易挥发，故配制好后不宜久存。应在临用前加入石灰乳和肥皂，这样效果才最佳。

春华秋实

——选择居家蔬菜

下篇

叶菜类

◆ 生菜

生菜，又名叶用莴苣、鹅仔菜、莴仔菜等。欧洲地中海沿岸是它的原产地，由野生种培育而来。最早食用生菜的是古希腊人、罗马人。生菜很早就传入我国了，东南沿海、两广地区和台湾地区种植较多。近年来，生菜的栽培面积迅速扩大，成为国人非常喜爱的蔬菜之一。

生菜属菊科莴苣属，为一年生或二年生草本作物。茎短缩，叶互生，有披针形、椭圆形、卵圆形等。叶的颜色有绿、黄绿或紫色，叶面平展或皱缩，叶缘波状或浅裂，外叶开展，心叶松散或抱合成叶球。种子的颜色为灰白或黑褐色，千粒重5克左右。

生菜

炒生菜

　　生菜脆嫩多汁，主要的食法有生食、炒食、涮食。其中生食是最常见的，生菜是西餐蔬菜沙拉里的重要食材；人们也常用生菜叶包裹牛排、猪排或炒饭。另外，肉、家禽等荤性浓汤，在待上餐桌前放入生菜，沸滚后立即出锅，也是深受人们喜爱的汤菜。

环境要求

生菜颜色嫩绿、株型美观，既有食用价值又兼具观赏价值，适合栽培在花盆中。生菜属半耐寒性蔬菜，冷凉湿润的气候条件最适宜生菜生长，但不耐炎热。生菜春、夏、秋三季都可以种植，夏季炎热时期要注意苗期采取降温措施。生菜生长最适宜的温度为15~20℃，在昼夜温差大、夜间温度较低的环境生长得最好。结球生菜结球适温为10~16℃，温度超过25℃，叶球内部因高温会引起心叶坏死腐烂，不利于健康生长。种子发芽温度为15~20℃，高于25℃，不利于发芽。散叶生菜更耐热一些，但过于炎热的季节，同样生长不良。生菜生长期间需要较多的水分，特别是结球生菜的结球期，更是不能缺水，否则会造成叶球小且叶味苦、质量差。

阳台自种生菜

健康生长的蔬菜

但浇水也要有限度，水量过多，叶球会散裂，易导致软腐病及菌核病的发生，也不够美观。只有适当的水肥管理，才能获得高产优质的生菜。生菜喜欢弱酸的环境，土壤 pH 值以 6~6.3 为宜。生菜需要较多的氮肥，故栽植前的基肥中应多施有机肥，生长过程中可配合浇水、采收嫩叶再追施有机肥。

生菜种子

栽培与管理

1. 种子处理

生菜种子小，发芽出苗对环境要求较高，因此多采用育苗移栽的种植方法。将种子用水打湿，用纱布包起来，置放在冰箱4~6℃的冷藏室中，等一昼夜后再播种。

2.种植前准备

生菜株型不是很大，栽培容器可选择直径一般的浅花盆或箱子。以疏松、透气、重量轻、易于搬动的基质为宜，尽量少用泥土。可选用经过细筛并在阳光下暴晒杀菌后的园土混合一些复合肥，这样既节省成本又方便可取；还可在市面上购买调配好的成品。此外，可在土面上覆盖一些珍珠岩、陶瓷土等，使基质更加美观。栽种容器最好选择瓦盆，其通风透气性较好。

用塑料瓶栽生菜

3.播种

　　生菜种子特别小，为使播种均匀，可在播种时将处理过的种子中掺入少量细潮土或细沙，混匀，再均匀撒播。播种后覆土 0.5 厘米。若是冬季播种，要盖膜增温保湿，家里废弃的塑料袋、保鲜膜就可以用。夏季播种后覆盖稻草或报纸保湿，降温促进出苗。在生菜小苗长出 2~3 片真叶时进行分苗，分苗后随即浇水，并覆盖覆盖物。进苗后，适当控水，这样植株会长得更壮。不同季节，菜苗生长时间不同，一般 4~9 月育苗，苗龄 25~30 天，10 月至翌年 3 月育苗，苗龄 30~40 天。待幼苗长出 5~6 片真叶时，将其移栽到准备好的花盆中。定植时要小心，尽量不要伤害幼苗根系，带土移栽，可大大缩短缓苗期，提高成活率。

生菜出苗

幼苗期生菜

4. 适量浇水

　　生菜缓苗后，视盆土情况和生长情况掌握浇水的次数。生长茂盛期需水量大，一般2~3天浇一次水。注意要用孔径较小的喷壶淋水，千万不能用大水管直接浇灌，以防植株倒伏。春季气温较低时，应适当控制水量，浇水间隔的日期也应增长。如结球生菜叶球形成后，更要控制浇水，因为浇水过多会造成裂球。发现积水要及时排除，并及时清理底盘，否则，可能会出现沤根、烂茎的现象。总之，浇水既要保证植株对水分的需要，又不能过量，湿度过大，也会造成病害。注意定期翻耙盆土及除草，增强土壤通透性，有利于根系发育。

自种生菜

5. 施肥

定植初期，可结合缓苗水追肥一次，提高幼苗成活率。以底肥为主，如果底肥比较足，生长前期可不追肥，至开始结球初期，随水追一次氮素化肥；15~20 天追第二次肥，最好是氮、磷、钾复合肥；心叶开始向内卷曲时，再追施一次复合肥。肥料可直接到市场购买，复合肥、冲施肥均可。充足的肥料可使蔬菜茁壮成长，能提高产量。注意要在采收前 7 天停止追肥。

6. 植株调整

生菜生长前期，可将花盆紧密摆放，这样方便管理，也能节省空间。待植株生长中期，就要保证花盆之间有一定距离，给它的生长留空间，故每隔 15 天左右应挪动一次盆，保证植株间的通透性。若发现盆中有老叶、黄叶、病叶要及时摘除，这样做不但能增加通风透气性，还能防止病害的发生。

采收

散叶生菜的采收期没有固定的要求，可根据需要随吃随采。结球生菜的采收要及时，因品种不同和栽培季节不同，采收时间也有一定差异，一般定植后 40~70 天，叶球形成，用手轻压有实感即可采收。

食用价值

生菜中含有甘露醇等有效成分，有利尿和促进血液循环的作用。生菜富含水分，鲜嫩清脆，且含有膳食纤维和维生素 C，能消除多余脂肪，有减肥的功效。每 100 克食用部分还含蛋白质 1~1.4 克、碳水化合物 1.8~3.2 克、维生素 C10~15 毫克及一些矿物质。生菜中含有一种"干扰素诱生剂"，可刺激人体正常细胞产生干扰素，从而产生一种"抗病毒蛋白"，有抑制病毒的功效。生菜的茎微苦，这是因为含有莴苣素的缘故，其具有镇痛催眠、降低胆固醇、辅助治疗神经衰弱等功效。

采收的生菜

生菜

◆ 油麦菜

油麦菜又名莜麦菜，还有些地区称其为苦菜、牛俐生菜，属于尖叶型叶用莴笋的一种。油麦菜的食用部位为嫩梢、嫩叶，叶片呈长披针形，色泽淡绿、质地脆嫩，口感极为鲜爽，味清香，深受人们喜爱。

阳台种植油麦菜

油麦菜

环境要求

　　适宜油麦菜生长的温度范围为 10~25℃，种子在 4℃开始发芽，15℃左右为最适宜种子发芽的温度，23℃以上则不易发芽。油麦菜生长的最适宜温度为 11~18℃，25℃以上常造成油麦菜过早抽薹，28℃以上则不利于其健康成长。油麦菜在长日照条件下生长迅速，在日照充足的环境下，健康茁壮，叶大茎粗，发育速度随温度升高而加快。较耐阴，可以密植。油麦菜根系分布浅，叶大而薄，消耗水分多，不耐旱也不耐涝。油麦菜喜欢疏松肥沃富含有机质的土壤，需氧量高，微酸性的土壤最佳，对氮肥需求量较大，对磷、钾肥也有一定需求量。油麦菜耐热、耐寒，适应性强，可春种夏收，也可以夏种秋收，还可以早秋栽培，元旦前收获。

油麦菜种子

栽培与管理

油麦菜种子很小，幼苗生长缓慢，幼苗期需要精心照料。我们可以采取先在容器内育苗而后移栽的方式栽培。

1. 自育苗

先用纱布将种子包裹起来，然后浸凉水约 1 小时，捞出来后放在 15~20℃的地方，或放在家用冰箱冷藏室，等 2~3 天，种子露白后即可播种。将容器中的土浇透水，撒播上种子，覆盖上 0.5~1 厘米的土，保持土壤湿润，大约 1 星期就会发芽。幼苗期土壤要保持湿润，夏季暴晒时要遮阴。

2. 整地定植

幼苗生长 20 天左右，在 3~4 叶期适合移栽，不要等到秧苗过老再移栽，否则对油麦菜生长不利。

如果是移栽到庭院中，首先需要整地，使土地松软透气，以适应柔嫩的幼苗。移栽前要喷透水，随挖随栽，尽量不要伤根。移栽时按株行距种整齐，苗要直，苗坨的土面与地面持平或略低一些，不要种得太深，定植后随即浇水，防止秧苗萎蔫。油麦菜的基肥要以腐熟的有机肥为主，每平方米用自制肥 7~8 千克、磷肥 250 克混匀。油麦菜生长速度快，基肥要充足。株距以 30 厘米 ×20 厘米为宜。

如果是移栽在容器中，在真叶 3~4 片时定植于施足基肥的盆土中，浇透水，约1 周后可正常管理。

长势旺盛的油麦菜

可适当密植

3. 适当密植

油麦菜的可食用部分为营养器官，而且一次全株采收，因此，可以适当密植，这样才有利于提高产量。同时，油麦菜需要较多的水分，才能保证叶片翠绿欲滴、鲜嫩挺拔。合理密植有利于保持土壤水分。

4. 小水勤浇

油麦菜刚移栽后，植株矮小、稀疏，由于土壤多裸露，水分容易散失；生长茂盛期，蒸腾量大，消耗水分多。因此，一定要勤浇水，保证其水分需求，这样才能种出高质量的油麦菜。但千万不可浇水量过大，更不能积水，雨后须及时排水。要保证每天淋水一次，最好早、晚各淋一次。

阳台种植油麦菜

5. 注意及时施肥

　　油麦菜生长期短而生长量大，对氮素需求较大。因此，除施足基肥外，要及时追施以氮肥为主的速效肥。移栽缓苗后（约3天），要及时在叶面上喷施0.3％尿素，以促进其快速生长。以后每隔7~10天追施1次叶面肥（绿叶神）+0.2％磷酸二氢钾，或尿素＋叶面肥。收获前7天停止施肥。采收后，待伤口晾干可追施1次腐熟有机肥，以促进新叶萌发，过一段时间后可再次采收。

合理施肥，长势良好

采收的油麦菜

采收

油麦菜的可食用部分为叶片，以柔嫩为好。在叶片老化前可随时采收，但也不能过早，要保证叶片充分长大，叶片最厚的脆嫩期的口感是最佳的。通常来说，在移植后30~35天即可采收，或者说约15片叶时就能够采收了。采收宜在早晨进行，将充分长大、厚实而脆嫩的绿色叶片用手掰下即可，留下植株继续生长。将鲜嫩的油麦菜装入保鲜袋中，放在0℃条件下的冰箱可短期贮藏。

食用价值

油麦菜含有大量钙、铁、蛋白质、脂肪、维生素A、维生素B_1、维生素B_2等营养成分，在生食蔬菜中占有重要地位。油麦菜具有降低胆固醇、治疗神经衰弱、清燥润肺、化痰止咳等功效，是一种低热量、高营养的蔬菜。

油麦菜

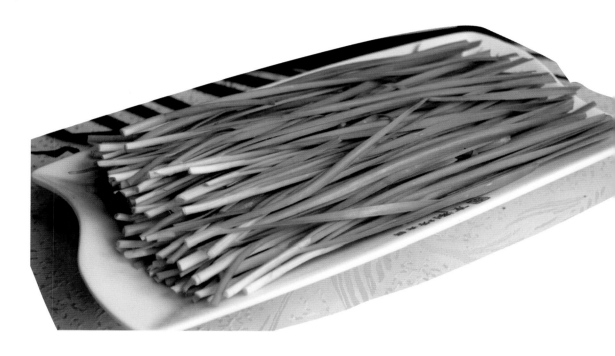

韭菜

◆ 韭菜

　　韭菜，又名草钟乳、起阳草、长生草、扁菜，属百合科多年生草本植物，其种子和叶等可入药。韭菜可以适应各种环境，抗寒耐热，全国各地都有栽培。韭菜在南方不少地区可常年生长，在北方冬季时地上部分虽然枯死，但地下部分进入休眠，春天地表土解冻后仍可以萌发生长。

韭菜开花

环境要求

　　韭菜适应能力强，耐寒，地上部分能耐 −5℃ 至 −4℃ 的低温，地下根茎在 −40℃ 的严寒条件下也能存活，但不耐高温，生长适宜温度为 12~24℃。韭菜属于长日照植物，植株通过低温后，才能抽薹、开花、结种子，而在营养生长期要求光照强度适中。其根系的吸收力弱，要求土壤经常保持湿润，土壤湿度应在 80%~95%。表土深厚，富含有机质，保水保肥力强的肥沃土壤最适宜韭菜生长。适宜韭菜生长的栽培容器深度宜在 18 厘米以上，花盆或泡沫箱等都可以。一般 3~4 月，土壤解冻后即可开始播种。秋播一般在 8 月底到 9 月进行，室内常年可种植。

栽培与管理

1. 播种

春季主要用干籽直播，也可提前用 40℃ 左右的温水浸种 12 小时后，除去瘪籽并洗净后播种。夏、秋季宜催芽，一般提前 1 星期用 25℃ 左右的温水浸种 12 小时，洗净后，将其包裹在拧干的湿布中，放置在 15~20℃ 的环境下，每天用清水冲洗 1~2 次，3~5 天后半数以上种子露白时即可播种。条播、穴播、撒播都适宜，覆土约 2 厘米，稍压实，放置在较为阴凉通风的地方，1~3 周发芽。

韭菜种子

2. 浇水

干籽播种的需立即浇透水，发芽前每 2~3 天都要浇水 1 次，保持土壤湿润。湿播的一般在幼苗出土后再进行浇水。到苗高 20 厘米前，一般每周浇水 1 次，注意不要有积水，有杂草要马上拔除。

3. 定植

当植株有 7~9 片叶时即可定植。阴天是最适宜定植的，定植前一定要浇足水，小心地将韭菜苗起出，轻轻抖去多余泥土，移入新的植穴，注意埋土时不要埋住分蘖节。定植后浇透水。

阳台种植韭菜

阳台种植韭菜

4.施肥

植株长到 10 厘米、15 厘米左右时，可结合浇水各施 1 次腐熟有机肥。定植后，两个月到两个半月施加追肥 1 次，约追肥 2 次即可。开始采收后，约 20 天追加 1 次，每次采收完也要追肥。

5.分株繁殖

分株繁殖一般在 4 月进行，小心地将 2 年以上的韭菜根整丛挖起，除去干枯的叶子和须根，1 份大约 10~15 株，叶子剪至 10~15 厘米后种植，间隔大约 15 厘米，栽后浇透水。

鲜嫩的韭菜

采收

当韭菜长到约 25 厘米时基本就可以收割了，1 个月后可再采收 1 次，浇水、喷药后不要立即收割，夏季也不宜采收。晴天是最适宜收割的，用干净的剪刀在距离土面约 3 厘米的叶鞘处将韭菜剪下。收割后松土 1 次，2~3 天后切口愈合时浇水。这时最好施 1 次腐熟有机肥。韭菜为多年生，收成期长达 2~3 年，待植株老化、生长变弱时，就要分株更新或重新播种。

食用价值

韭菜入药的历史可以追溯到春秋战国时期，在中医里，韭菜被人们称为"洗肠草"，具有健胃、提神、止汗、固涩等功效。韭菜含多种维生素和无机盐，含有较多的纤维素，可促进大肠蠕动，还含有可降血脂的硫化丙烯，可暖胃补肾。

韭菜

食用韭菜的注意事项

1. 韭菜偏热性，多食易上火，阴虚火旺者、胃虚有热者、消化不良者要少吃。

2. 夏韭老化，纤维多而粗糙，不易被肠胃消化吸收，夏季炎热时多食会引起胃肠不适或腹泻。

3. 另外，韭菜虽有强精作用，但过量食用会败肾，所以也不要天天食用。

4. 做熟了的韭菜不能隔夜吃。

韭菜

香菜

◆ 香菜

　　香菜也叫芫荽、胡荽等，我们食用其叶片和嫩茎。香菜的香味很浓，是一种常用的调味蔬菜，可以做汤、炒菜、凉拌等。做汤时加入香菜，会使汤更加清香，烹制肉类时加香菜可去腥膻。

保持土壤湿润

环境要求

香菜喜光，也耐阴，利用容器栽培是比较合适的。香菜能很好地抵抗寒冷，可以短时间忍耐 −10℃ ~ −8℃ 的低温，低温条件下叶和叶柄颜色变紫，升温后可恢复正常，可进行低温冻贮。20~25℃时种子发芽，生长期间适宜温度为 17~20℃。30℃以上，易发生抽薹开花、腐烂、品质变差等现象。香菜属喜光蔬菜，日照时间不足可能会导致花期推迟，不易获得种子。香菜不耐干旱，生长需要较充足的水分，这样香菜才会很鲜嫩。香菜对土壤没有很严格的要求，疏松肥沃，保水保肥的土壤最适宜。

栽培与管理

香菜只能用种子播种，注意 3 年内种过香菜或芹菜的土地上不要再种香菜，容器栽培为避免重茬问题，要注意换土。当年收获的香菜种子，不能立即种植，存放 1 年之后方能种植，存放超过 3 年的种子也不宜再用。

庭院露地栽培根据播种期不同可分为春香菜、夏香菜、秋香菜。春香菜通常是在 4 月上旬播种，夏香菜约在 5 月下旬播种，秋香菜的播种期宜选在 7 月下旬到 8 月上旬。若是容器栽培，播种时间可自由选择。

香菜

庭院栽培

1. 催芽

　　香菜种皮较坚硬，播种前应搓开，这样更容易出芽。春季栽培进行浸种低温催芽，先将种子浸泡 24 小时，然后用湿布包起来放置在 15~20℃的环境下催芽，待 3~4 天露白时即可播种。夏、秋季节香菜多干籽直播。

出苗不久的香菜

初期的香菜

2.整地施肥

整地施肥后做平畦，撒播或条播均可，每平方米播 2~3 克种子，种植期间随时采摘食用的要加大播种量，约每平方米播 3~4 克。播种前，浇透水，水渗后撒播，盖土约 1.5 厘米。叶片封满地面时追速效氮肥，随水冲施。根据土壤墒情浇水，隔 1 次水冲施 1 次尿素。

3.浇水

苗期生长速度较慢，不要总是浇水，浇水多了反而影响生长。原则上是不旱不浇，前期少浇，后期多浇，同时要小水慢浇，否则易造成土壤板结。

容器栽培

容器栽培

栽培容器中放入盆土，加入适量有机肥，整理平整，浇透水，将种子均匀撒播上，覆盖上 0.5 厘米左右的细土，注意土只要将种子盖上就可以了，喷洒一些水，保证土壤潮湿。若是阳光照射很强烈，可用报纸等遮盖上。播种后用保鲜膜覆盖，可起到保温、保湿的作用，但应适时打开膜观察土壤情况及种子发芽情况，当发现种子发芽了，宜将保鲜膜揭开，以免抑制小苗生长。

香菜喜凉爽，15~20℃最适宜生长，30℃以上时停止生长，因此炎热夏季，阳台上的容器要注意遮阴降温。叶片封满盆面时随水施 1 次尿素。

采收

香菜株高 20 厘米以上时可结合疏苗，分批收获。通常每 7~10 天收 1 次。采收前期幼苗细小时，可进行间拔。采后及时追 1 次肥水，这样小苗会快速生长。香菜比较耐寒，家庭小菜园在秋季霜后可以延迟分次采收。

香菜

食用价值

香菜营养丰富，内含维生素 C、胡萝卜素、维生素 B_1 和维生素 B_2 等，同时还含有丰富的矿物质，如钙、铁、磷、镁等，其挥发油含有甘露糖醇、正葵醛、壬醛和芳樟醇等。香菜中维生素 C 和胡萝卜素的含量比普通蔬菜高得多。香菜提取液的特殊香味能刺激汗腺分泌，促使机体发汗，透疹。另外香菜辛香升散，能促进胃肠蠕动，具有开胃醒脾的作用。

香菜

茼蒿

◆ 茼蒿

茼蒿，又名春菊、蒿子、菊花菜等。地中海地区是其原产地，移植入我国已有 900 余年的历史。茼蒿为菊科一年生或二年生草本植物，属浅根性蔬菜，根系分布在土壤表层。目前，我国栽培的茼蒿种类有大叶茼蒿和小叶茼蒿两种。茎叶嫩时可食，可爆炒、凉拌或做汤。

茼蒿花

环境要求

    茼蒿性喜冷凉，不耐高温，20℃左右的温度最适合茼蒿生长，12℃以下生长缓慢，29℃以上生长不良。茼蒿对光照没有很高的要求，一般以较弱光照为好。长日照条件对茼蒿生长不利，因此在栽培上宜安排在日照较短的春秋季节。对土壤要求不高，以土层深厚、疏松湿润、有机质丰富、保水保肥力良好的中性或微酸性壤土为佳。茼蒿根系浅，生长速度快，需要较多水分，土壤相对湿度应为70％～80％，空气相对湿度85％～95％为宜，因此要注意勤浇水。

栽培与管理

1.种子处理

播种前用 30~35℃的温水浸种 24 小时，捞出洗净放在 15~20℃条件下催芽，每天用清水冲洗，一般过 3~4 天种子就会露白，这时即可播种。

2.种植前准备

茼蒿的根很浅，适宜盆栽，栽培容器不需要太深。盆土宜选疏松、透气、重量轻、易于搬动的基质，可用 80％草炭和 20％疏松园土。也可用家庭种植过的老土，但必须先经过阳光暴晒消毒。

庭院种植茼蒿

3. 播种

　　春、初夏、秋等季节适宜栽培茼蒿。宜采用直播方式，将种子捻撒在种植容器中。光杆茼蒿适宜条播，两条中间应距10厘米左右；大叶茼蒿适宜撒播。播种后，覆盖一层薄薄的细土。出苗前注意不要让土壤太干燥，一旦土壤变干，就要用孔径较细的喷壶淋水，不可用水管直接灌水。

泡沫箱培育茼蒿

茼蒿出苗

4. 浇水和翻耙

定植浇足缓苗水后，可根据天气情况和幼苗生长情况进行浇水。小苗长出 8~10 片叶时，选择晴朗天气浇 1 次水，并施肥。生长期浇水 2~3 次，注意每次都要选择晴天进行，水量不要过大，相对湿度控制在 95％ 以下，过于潮湿容易滋生病害。适时进行翻耙除草，以疏松土壤，促进根系生长。

5. 施肥

植株定植后 3~5 天，可结合缓苗水追肥一次，以后每 7~10 天可施肥一次。开始采收后，每采收一次追肥一次。主要施氮肥，也可施复合肥。

6. 植株调整

植株生长期间，要及时摘掉植株上的老叶、黄叶、病叶，以减少养分消耗，利于通风透光，对植株生长有利。

茼蒿

采收

苗期结合间苗、均苗可收获茼蒿小苗食用，定苗后随着植株的生长可陆续采收。光杆茼蒿一般一次采收，即当株高20厘米时用刀割下；大叶茼蒿通常是多次采收，当植株长到15厘米时在茎基部留 2~3 片叶掐取嫩茎，以促进侧枝生长，以便进行下次采收。

食用价值

荷蒿营养价值很高，除了含有维生素 A、维生素 C 之外，胡萝卜素的含量比菠菜高，并含丰富的钙、铁，所以荷蒿也称为铁、钙的补充剂。荷蒿具有调胃健脾、降压补脑等效用。常吃荷蒿，能在一定程度上治疗咳嗽痰多、脾胃不和、记忆力减退、习惯性便秘。而当荷蒿与肉、蛋等共炒时，则可促进维生素 A 的吸收。将荷蒿焯一下，拌上芝麻油、味精、精盐，非常清淡，很适合冠心病、高血压病人食用。

荷蒿

◆ 小白菜

小白菜，原产于我国，南北各地均有分布，栽培十分广泛。人们食用其鲜嫩幼叶，可生食、炒、做汤等。在不同的季节，我们可以种不同品种的小白菜。冬季或早春时节，气温偏低，若选在此时节播种，就要选耐寒、抽薹迟的品种，如北京小杂 55、北京小杂 56 等；夏季播种则要选择耐热、耐风雨的品种，如早熟五号、夏阳白、夏绿等。正确选择栽培品种，才能获得较高产量。

小白菜

应将小白菜放在阳光充足的地方

　　小白菜属于周期短的速生蔬菜，喜欢食用的家庭，可利用庭院或容器栽培。小白菜比较耐寒，20~25℃适宜种子发芽，生长期的适宜温度为 15~20℃。如果春季长时间温度低于5℃，则必须采取保温措施加以保护。温度超过25℃也不利于小白菜生长。我们主要食用小白菜的绿叶，绿叶要生长得茂盛就需要有较强的光照，小白菜虽能耐一定的弱光，但若是长时期光照不足，也是很不利于小白菜生长的。小白菜叶片柔嫩，蒸腾作用强，而根系又分布较浅。所以，小白菜需要较高的土壤湿度和空气湿度。小白菜在不同生长时期，对水分的要求是不同的。发芽期为了促进发芽和幼苗出土，土壤要保持湿润，幼苗期叶片小，蒸腾耗水少，但根系尚弱，需适当补充水分。

庭院栽培小白菜

栽培与管理

小白菜多采用直播法或移栽法。8月到12月期间均可种植秋冬小白菜；1~3月适宜种植春小白菜。小白菜株型紧凑，可以合理密植以增加产量。

庭院栽培

1.种菜前的准备

小白菜适宜种在疏松肥沃的土壤上。耕翻20~25厘米，做平畦，每平方米施优质腐熟有机肥5~6千克。小白菜生长期短，在种植前施足基肥后一般不追肥。

2. 播种

在庭院种菜多用种子撒播或条播，每平方米撒 2~3 克种子。播后盖 0.5~1 厘米细土，搂平压实。

3. 移栽

在小白菜出现 4~5 片叶时可进行移栽。

4. 浇水

小白菜根系分布浅，不耐旱，整个生长期都要求水量充足。在幼苗期或刚定植后，如日照强烈，必须保持每天淋水 3 次，分别在早晚和中午 11~12 点时淋水，这样栽培出的小白菜才鲜嫩。在雨季则要注意排水，切忌畦面积水，否则容易滋生病害。

保持种小白菜的土壤湿润

容器栽培小白菜

容器栽培

在容器里种植小白菜，南方全年可播种，但最好不要选择夏季播种，温度过高对植株生长不利，春、秋最适宜播种；北方春、夏、秋三季都可播种，冬天在室内也可以，但生长期会加长。

1. 浸种

先将种子在50~55℃的温水中浸泡15分钟，再放到常温的水中浸泡6~8小时。

2. 播种

将配好的栽培土装入容器内并整平，浇透水，然后把浸泡好的种子均匀地撒在栽培土表面，再覆盖一层1厘米的细土即可。

3.施肥

容器栽培小白菜可在生长期内伴随浇水追肥 2~3 次，最好施氮磷钾复合肥。

采收

当植株长到 4~5 片叶时可开始收获幼株，间收小的植株，留下的植株间距要力求均匀。当幼株长到一定大小时全部采收。

小白菜

食用价值

小白菜所含的营养成分与白菜相似，它含有蛋白质、脂肪、糖类、膳食纤维、钙、磷、铁、胡萝卜素、维生素 B_1、维生素 B_2、烟酸、维生素 C 等。其中钙的含量较高，几乎等于白菜含量的 2~3 倍。它能增强机体免疫力，促进皮肤细胞代谢，防止皮肤粗糙及色素沉着，使皮肤光亮，延缓衰老。

小白菜

小白菜

小白菜的常见病害

1~3月份，庭院露地栽培的小白菜发病几率低，主要注意预防霜霉病；4~6月份的常见病害有霜霉病、软腐病、炭疽病、白斑病，需要防治的害虫有小菜蛾、蚜虫、菜青虫、黄条跳甲、菜螟；7~9月份，天气炎热，雨水多，是病虫害的高发期，病害主要有软腐病、霜霉病、黑腐病，害虫有斜纹夜蛾、蚜虫、菜螟、菜青虫、小菜蛾、甜菜夜蛾；10~12月份，虫害消失，病害以霜霉病、软腐病、炭疽病为主。

◆ 大葱

大葱是葱的一种，为多年生草本植物，叶子圆筒形，中间空，脆弱易折，呈青色。在东方，大葱在烹调中占有重要的地位，在东亚国家以及各处华人地区中，葱常作为一种很普遍的香料调味品或蔬菜食用。国人习惯于在炒菜前将葱和姜切碎一起下油锅中炒至金黄进行炝锅，而后再将其他蔬菜放入锅中炖炒。在做汤面时，在面条熟后也可将切碎的葱末撒在面上。

环境要求

大葱具有较强的耐寒性和抗热性，适宜种子发芽的温度为13~20℃，但其在2~3℃的低温下也可以缓慢发芽。植株的生长适宜温度为20~22℃。大葱生长期间需要适中的光照强度，光照过弱，叶片黄化，产量降低；光照过强，也影响品质。葱的耐旱力很强，喜干燥的气候，但不耐湿，雨水过多的天气不利于其生长。大葱对土壤的要求是土层深厚、通气排水良好。

无论是在庭院还是容器里种植大葱，都非常适宜。为让根部有充裕的生长空间，我们选择的栽培容器口径至少要有40厘米，高度至少要40~50厘米，这样大葱才能自由生长。北方地区栽种大葱一般都是夏栽秋收冬贮，有明显的季节性。而南方地区四季都可栽培大葱。

大葱

庭院种植的大葱

栽培与管理

1. 播种

家庭种植面积有限，比较适合撒播，每平方米播种 4~7 克。如果喜欢食用较细的葱苗，就播种得密一些；反之宜稀播。播种后盖细土 1~2 厘米。撒播后搂平土面，再浇水。温度若适宜，5~6 天就会出苗。

庭院种植大葱

容器种葱

2. 定植

定植前几天，将葱苗浇透水，起苗时注意拣出无根苗、病弱苗和受地蛆危害的苗，将起出的葱白粗1厘米左右、高30~40厘米、有4~5片叶的好葱苗定植，株距5~7厘米，埋土时不要埋没葱心。若想让葱白长得更长，可斜栽，需先浇水，等水渗下后插葱。

采收大葱

3. 大葱培土

增加葱白长度，软化其叶鞘的有效措施就是大葱培土。培土必须在葱白形成期进行，培土高度不能埋住葱心，以 3~4 厘米为宜。培土 4~5 次，葱白的长度就会增长了。再结合培土追肥 2~3 次。

采收

当葱白长度达到 25~35 厘米，直径达 1.2 厘米以上时，就可以采收了。

食用价值

大葱含有丰富的维生素和矿物质，尤其含有较多的硫、磷、铁、糖等营养物质，含有硫化丙烯，具香辛味。有杀菌、预防风湿和心血管病等功效。

大葱

◆ 芹菜

芹菜，有水芹、旱芹两种，功能相近，旱芹香气较浓，又名"香芹"或"药芹"。芹菜是我国人民喜食的蔬菜品种之一，可炒、凉拌、做馅等食用。芹菜是高纤维食物，它在肠内消化时会产生一种叫木质素或肠内脂的物质，这类物质是一种抗氧化剂，对预防高血压、动脉硬化等十分有效，并有辅助治疗作用。因此这类患者应常吃芹菜，尤其是吃芹菜叶。

环境要求

芹菜为耐寒性蔬菜，喜欢冷凉湿润的环境条件，不适宜在高温干旱的条件下种植。种子在 4℃ 以上缓慢发芽，15~20℃ 为最适宜发芽的温度。幼苗能忍耐 −5℃ 的低温，成株在 −10℃ 温度下也能存活，26℃ 以上生长不良。15~20℃ 为最适宜植株生长的温度。

芹菜

庭院种植芹菜

保持种芹菜的土壤湿润

　　芹菜为浅根性蔬菜，吸水能力弱，但又要求土壤保持湿润，因此，整个生长期都要为芹菜提供充足的水分。播种后床土要保持湿润，幼苗才能尽快出土；生长期间也要勤浇水，否则会导致叶柄中厚壁组织加厚，纤维增多，甚至植株空心老化，会使口感变差。在栽培中，要根据土壤和天气情况合理地供应水分。

　　芹菜对肥水条件有较高的要求。要求土壤富含有机质，保肥保水。芹菜对氮肥的需求量很大，缺氮会造成生长不良，品质下降。磷肥不可使用过多，否则会造成叶片细长、纤维多。钾肥主要在后期使用，它可使叶柄加粗。另外，硼在芹菜生长中也是不可或缺的，缺硼时叶柄会出现褐色裂纹。

栽培与管理

　　家庭小菜园中四季都可以种植芹菜。春芹菜需要在室内育苗，夏芹菜要在春季庭院育苗或直播，秋芹菜要在夏季育苗或直播，越冬芹菜要在夏秋育苗或直播，在最低气温高于 5℃的地区可在露地安全越冬。北方冬季寒冷，可将越冬芹菜于霜后挖出栽于容器里放在阳台或窗台上，冬季掰收。

阳台种植芹菜

1. 播种

在播种前 5~7 天，进行浸种催芽。将种子在 30℃左右的水中浸泡 24 小时。为减少种子的病菌，可用 50℃左右的温水浸种 30 分钟。浸种后用手轻轻揉搓，尽量使种子散落。然后摊开稍晾，待种子半干时，包裹在纱布中，放在 18~20℃的条件下催芽。催芽期间，每天在见光处翻动 2~3 次。如种子表皮干了，要淋些温水，保持种子潮湿。约 5~7 天即可发芽。

芹菜籽

芹菜出苗

在栽培容器中铺上富有肥力的土，浇足底水。将种子与10倍的细沙混合起来，按每平方米1~2克种子的量播种，然后覆盖1.5厘米左右的细土。保持土壤湿润，出苗后小水勤浇。芹菜喜肥，若在庭院种植，每平方米施腐熟的自制肥8~10千克、尿素15克，翻入土中耙平，做成1米左右的畦后播种。芹菜苗期生长慢，杂草容易危害幼苗，应及时除草。

家种芹菜

2.定植

当芹苗有 3~5 片叶，苗高 10 厘米左右时可定植。

若在庭院栽培，不同地区应根据当地的气候特点和幼苗的长势，选择定植时间。当幼苗生长了将近两个月，当地温度达 18~20℃时，适宜定植。12~15 平方米的庭院土地约可以定植 1 平方米的苗。

定植时要选择生命力旺盛、大小整齐一致的秧苗，淘汰病弱苗。我国的芹菜，一次性收获的，定植行距为 10~12 厘米，每穴 2~3 株苗；掰收的按行距 25~30 厘米，株距 15~25 厘米的距离定植。西芹掰收的按行 30~40 厘米，株 20~30 厘米的距离单株定植。栽完苗后立即浇 1 次水，要浇透。

若用容器栽培，将其放在阳台、窗台上，终年都可以种植。盆土加入适量有机肥整理平整，浇透水后，按容器大小栽入芹菜苗即可。另外，当气温较低时，可将庭院露地栽培的芹菜根挖出，栽在容器里，放在阳台或窗台上，冬季可以掰叶片食用。

3. 栽培后的管理

庭院栽培的植株，定植 15 天后，缓苗期已过，可以进行中耕、除草，进行蹲苗。蹲苗 5~7 天，保证土壤疏松、干燥，促进根系下扎和新叶分化，为植株的旺盛生长奠定基础。待植株粗壮，叶片颜色浓绿，新根扩大后结束蹲苗，再行浇水。之后每隔 5~7 天浇一次水。

芹菜

　　定植一个月后，植株已长到 30 厘米左右，新叶不断增多，根系生长，叶面积扩大。进入旺盛期的植株对水肥的需求更大了，需要每 3~4 天浇一次水，保持地表湿润。每次掰收后都要浇水施肥，前期主要追施速效氮肥就可以，中后期还要再加上磷、钾肥。

　　如果喜欢吃柔嫩的叶柄，可在秋季天气变凉时培土。培土需要植株长到 25 厘米左右，培土前浇足水，培土后不能再浇水。最好选在晴天的下午，土要细碎，一般培土 4~5 次，注意不能埋没心叶，培土的总厚度一般为 20 厘米左右。

芹菜苗

芹菜

容器栽培的植株在生长旺期必须勤浇水，特别是夏季高温时，天气转凉后减少浇水。追肥以氮肥为主，配施磷、钾肥，每5~7天浇一次水，肥料随水冲施。

采收

家庭小菜园栽培芹菜可以随吃随掰。一般长出6~7片大叶时掰收，掰下3~4片叶，保留2~3片叶。

食用价值

　　旱芹中维生素 A、维生素 B_1、维生素 B_2、维生素 C 和维生素 P 的含量都很丰富，钙、铁、磷等矿物质含量也很多，此外还有蛋白质、甘露醇和食物纤维等成分。叶茎中还含有药效成分的芹菜苷、佛手苷内酯和挥发油，具有降血压、降血脂、防治动脉粥样硬化的功效；对神经衰弱、月经失调、痛风、抗肌肉痉挛也有一定的辅助食疗作用；芹菜还能促进胃液分泌，增加食欲。老年人适宜多吃芹菜，因芹菜可刺激胃肠蠕动，减少便秘发生的可能性。

芹菜

菠菜

庭院种植菠菜

◆ 菠菜

菠菜又名菠棱菜、波斯草等，原产地为波斯，我国于唐代即有栽培。依据叶型和种子是否有刺可分为有刺种（又称尖叶种）和无刺种（又称圆叶种）两大类。食用部位为叶片及嫩茎，可炒、凉拌、做汤等。菠菜是浅根蔬菜，植株可以随时采摘，很适合家庭小菜园栽培。

环境要求

菠菜属耐寒蔬菜，种子在4℃时就能发芽，15~20℃是最适宜发芽的温度，也是最适宜生长的温度，25℃以上就会质量下降，地上部分能耐-8℃的低温。菠菜是长日照作物，在高温长日照条件下植株容易抽薹开花，对日照强度要求不严。菠菜茎、叶柔嫩，需要补充充足的水分。只有水分充足，才能长出质量好的菠菜。在高温长日照及干旱的环境条件下，营养生长受抑制，加速生殖生长，容易未熟抽薹。菠菜也能较好地适应土壤，最好是选择保水保肥力强的肥沃土壤。菠菜同其他叶菜一样，需要较多的氮肥及适当的磷、钾肥。

盆栽菠菜

栽培与管理

菠菜的侧根不发达，因此适宜直播，最好不移栽。菠菜的种子可以保存 3~5 年，1~2 年的种子是最容易发芽的。

1. 播种季节

菠菜喜欢凉爽，因此主要在春、秋季栽种。春菠菜的播种时间宜选在气温回升到 5℃以上时，3 月为播种适期，播后 30~50 天采收，品种宜选择抽薹迟、叶片肥大的品种。秋季播种宜在 8~9 月，播后 30~40 天可分批采收，要选择较耐热、生长快的早熟品种。越冬菠菜的播种时间宜在 10 月中旬到 11 月上旬，第二年 3、4 月份采收，越冬性强，抽薹迟，耐寒性强的中、晚熟品种是最适合此时期种植的。

2.播种定植

（1）庭院栽培。

①整地做畦。整地时每平方米施5~6千克腐熟有机肥、60克过磷酸钙，整平整细，冬、春宜做高畦，秋做平畦，畦宽1.2~1.5米。

②播种。一般采用撒播的方式播种。夏、秋播种，于播前7天将种子用水浸泡12小时后，在4℃左右冰箱或冷藏柜中放置24小时，再在20~25℃的条件下催芽，约3~5天就会发芽，之后即可播种。冬、春可播干籽或湿籽。越冬菠菜每平方米播种8~15克，其他季节每平方米2~4克。畦面浇足底水后播种，用齿耙轻耙表土，使种子播入土，畦面再盖一层土。

③水肥管理。秋菠菜出真叶后浇泼1次沤肥水；出2片真叶后，结合间苗，除草，施肥。前期多施腐熟粪肥；生长盛期追施2~3次尿素，每平方米每次追施20克左右。冬菠菜播种后土壤要保持湿润，出3~4片真叶时，浇水不要太频繁，以利越冬。出2~3片真叶时，苗距3~4厘米。根据幼苗生长状况和天气追施水肥。霜冻和冰雪天气采取保温措施，如覆盖塑膜、稻草或者搭建小拱棚。开春后，选晴天追施腐熟沤肥水，以防早抽薹。

补充充足水分

庭院种植菠菜

阳台种植菠菜

　　春菠菜前期要覆盖塑膜保温，可直接覆盖到畦面上，出苗后应撤除薄膜，也可以在夜间覆盖小拱棚，白天让幼苗多见光，并及时间苗。对于肥水，前期要多施腐熟沤肥，每次施肥的量不要多，可增加施肥次数。后期尤其是采收前 15 天要追施速效氮肥。

　　④除草。菠菜苗期杂草的生长速度很快，要及时除草，以免杂草和菜苗争抢阳光和营养。分次采收菠菜的，在采收的同时除去杂草。

　　（2）容器栽培。

　　容器中铺好培养土，浇透水后将种子撒播于土面，覆土约 1 厘米，稍压实。约 1 周发芽，在未发芽的 1 周中要保证表土湿润。幼苗生长较慢，长出 2 片真叶后长速开始加快，每隔 3~4 天浇 1 次水，保持土壤湿润即可。若苗比较紧密，在长出 3~4 片真叶时间苗 1 次。如果苗比较瘦弱，可喷施 1 次稀薄的腐熟有机肥。

从生出4~5片真叶时起，叶片越来越茂盛，可据生长情况喷施腐熟有机肥，这时的菠菜对氮、磷、钾都有需求，其中对钾、氮肥需求量更大。

菠菜忌干旱，不耐涝，生长期需要水分充足，一般每1~2天浇水1次，高温时可根据实际情况适当增加浇水次数，保持容器内土壤湿润。

长出4~5片真叶时要间苗，通常将较大的苗拔出，留下较小的苗继续生长，采收后追施1次腐熟有机肥。

采收

长出4~5片真叶，植株高度不超过30厘米时，即可开始采收植株食用。越冬菠菜和春菠菜当现蕾后一次性收完。

菠菜

食用价值

　　菠菜中维生素 B_6、叶酸、铁和钾的含量很丰富，多吃菠菜可以改善缺铁性贫血的症状。菠菜叶中含有铬和一种类胰岛素样物质，其作用与胰岛素差不多，能保持血糖的稳定。菠菜中丰富的 B 族维生素对于口角炎、夜盲症等维生素缺乏症的防治有明显作用。菠菜中含有大量的抗氧化剂，如维生素 E 和硒元素，具有抗衰老、促进细胞增殖的作用，能激活大脑功能，有助于防止大脑的老化，降低老年痴呆症的发生几率。一项研究还发现，每周食用 2~4 次菠菜的中老年人，因摄入了维生素 A 和胡萝卜素，患视网膜退化的概率有所降低。但要注意菠菜含草酸较多，有碍机体对钙的吸收，因此，吃菠菜时应先用沸水烫软，捞出再炒。

菠菜

塑料瓶种植蕹菜

蕹菜

◆ 蕹菜

蕹菜，俗称空心菜，也称为通心菜、竹叶菜、藤菜。属旋花科一年生或多年生蔓生植物。蕹菜属须根系，根浅，再生力强。旱生型蕹菜茎节短，茎扁圆或近圆，中空，浓绿至浅绿。水生型蕹菜节间长，节上易生不定根，一般通过扦插繁殖。蕹菜的茎、叶可拌食、炒食、涮食或做汤，口感鲜爽。

环境要求

蕹菜适宜生长在温暖温润的环境，抵抗高温和洪涝的能力很强，在15~40℃条件下均能生长，耐连作，生命力旺盛。对土壤没有过多要求，适应性强。蕹菜在炎热的夏季仍能生长，但抗寒能力差，遇霜就无法正常生长。蕹菜是多次采收的作物，因此除施足基肥外，必须进行多次分期追肥才能取得高产，当幼苗有3~4片真叶时，用复合肥和尿素混合施用，采收期每采收一次用复合肥追一次肥。

阳台种植蕹菜

栽培与管理

1.种植前的准备

北方家庭种植蕹菜主要采用夏季直播，种子不需要处理，只要播种前在箱子或花盆中浇足底水就可以。蕹菜生长速度快，分枝能力强，对肥水要求高，故花盆中应多施基肥。为了使花盆更具观赏价值，可用珍珠岩、陶瓷土等覆盖基质。此外，最好选择通风透气性较好的瓦盆，并放上底碟。

2.播种

可于花盆中撒播或箱子中条播，撒播后覆盖上约1厘米厚的细土，条播可在土面上横划几条2~3厘米深的浅沟，沟距15厘米，然后将种子均匀地播种在沟内，再用细土覆盖。

蕹菜

蕹菜

3. 种植管理

及时翻耙盆内土，清除杂草，这样蕹菜才能健康生长。浇水时，水量不能太少，一定要浇透。蕹菜是多次采收的作物，因此除施足基肥外，要想产量高就要进行追肥。当蕹菜小苗长到 5~10 厘米时，就可以进行第一次追肥了。追肥的方法是把肥料稀释，随着浇水进行施肥，注意施肥要均匀。

采收

一般播种后 35~45 天，蔬菜植株生长到 35 厘米高时就该采收了。前两次采收时，基部留 2~3 节，这是为了促进侧蔓的萌发，可以提高产量，以后采收留 1~2 节即可。但如果分枝过多也不行，会导致茎过细，应剪除一部分。在初收期及生长后期，每隔 7~10 天采收 1 次，生长盛期 5~7 天采收 1 次。

食用价值

　　蕹菜中含有较丰富的粗纤维，这种食用纤维是由纤维素、半纤维素、木质素、胶浆及果胶等组成，能促进肠蠕动、通便解毒。蕹菜是碱性食物，食后可降低肠道的酸度，防止肠道内的细菌群失调。蕹菜中的叶绿素有"绿色精灵"之称，可洁齿、防龋、除口臭，还对皮肤有好处，堪称美容佳品。蕹菜性凉，菜汁对金黄色葡萄球菌、链球菌等有抑制作用，可预防感染。可将蕹菜切碎捣烂，取汁液，每次用 2~3 匙，冲入沸水，以蜂蜜调味后服用，有清热凉血、止血等功效。

蕹菜

苋菜

◆ 苋菜

苋菜简称苋，又名米苋或米苋菜，是一年生草本绿叶菜类蔬菜。苋菜原产中国、印度及东南亚等地，中国自古就将其作为野菜食用。中国南方种植苋菜比北方多，南方各地均有一些品质优、营养高的苋菜品种。苋菜易生长，耐旱，耐湿，耐高温，且病虫害很少发生。苋菜的食用部位是幼苗或嫩茎叶，有"六月苋，当鸡蛋；七月苋，金不换"的俗语。

苋菜按其叶片颜色的不同，可以分为绿苋、红苋和彩苋三个类型。绿苋，顾名思义，叶片是绿色的，耐热性强，质地较硬。红苋的叶片为紫红色，耐热性中等，质地较软。彩苋叶片边缘为绿色，叶脉附近为紫红色，耐热性较差，质地软。

都市里的农场

家庭菜园

庭院种植苋菜

阳台种植苋菜

环境要求

苋菜适宜生长在温暖的气候条件下，耐热性强，不耐霜冻。10℃以下种子不易发芽，20℃以下植株生长缓慢，最适宜苋菜生长的温度是23~27℃。苋菜为短日照植物，在高温短日照条件下很易开花结籽；在长日照条件下，生长茂盛，产量高。苋菜不耐涝，宜保持土壤湿润。苋菜对土壤没有很高的要求，最适宜生长在偏碱性土壤中，有一定的抗旱能力。

栽培与管理

苋菜为喜温耐热蔬菜，播种季节为春季到秋季的无霜期。春播抽薹开花较迟，品质柔嫩。夏秋播较易抽薹开花，品质粗老。华北及西北地区露地的播种时间为4月下旬至9月上旬，采收期为5月下旬至10月上旬，生长期为一到两个月。苋菜不易患病虫害且生长旺盛，需肥量大，不宜连作。

庭院栽培

1. 整地

翻耕 15~20 厘米深，施足基肥，整细整平做成平畦。

2. 播种

播种前要浇透水，水渗下后，撒底土，再播种。早春播种，气温低，出苗慢，播种量可以大一些，每平方米 3~5 克；晚春或晚秋播种，每平方米播种量 2 克；夏季及早秋播种，气温较高，菜苗生长迅速，每平方米播种量为 1~2 克。将种子与细沙混合均匀后撒播在土面上，覆约 0.5 厘米的一层薄土，稍压实。如果气温较低可覆膜，约 3~7 天发芽，期间一般无需浇水。

3. 苗期管理

当长出 2 片真叶时，可以进行第一次间苗。将较大的植株摘掉，留下大小均匀的苗，并随浇水进行第一次施肥。当长出 5~6 片真叶时，进行第二次间苗，使得株距为 10 厘米左右，并随浇水进行第二次施肥。如果苗还是比较密集，可根据实际情况再间苗 1 次，此后可正常管理。

应保持土壤湿润

如果很密可进行间苗

容器栽培

1. 播种

将培养土与充分腐熟的有机肥混合、过筛，然后装盆抹平盆面。播前浇上充足的水，将种子与细沙混均，撒播在盆面，然后浅覆土，盖地膜。

2. 追肥

除了施充足的基肥外，还要进行多次追肥。当幼苗长有 2 片真叶时追第一次肥，过 10~12 天再追 1 次肥，以后每采收 1 次追肥 1 次。苋菜需要的肥料主要是氮肥。

3. 浇水

苋菜较耐旱而不耐涝，宜小水勤浇。采收后不要立刻浇水，最好采收 1~2 天后再进行浇水。到了雨季，要及时排水防涝。如发现杂草，要及时拔除。

容器栽培在播种前已经浇足底水，出苗前就不需要再浇水了，5~7 天即可出苗。子叶出土后撤除地膜，进行第一次除草间苗。长出 2 片真叶时再进行一次除草间苗，并随着浇水追第一次肥，以后每周施肥 1 次，或每次采收后施肥，还是主要施氮肥。夏季高温时要保证水量充足，小水勤浇，并适当遮阴。

容器种植苋菜

盆栽苋菜

采收苋菜

苋菜

采收

　　苋菜是一次播种，多次采收的叶菜。春播苋菜在播种大约一个半月，株高 10~12 厘米，具有 5~6 片真叶时就可以采收了。第一次采收结合间苗，将过密、生长较大的苗拔掉；第二次采收是将茎叶割下来，保留 5 厘米左右的基部，待侧枝长到 12~15 厘米左右时，进行第三次采收。夏、秋播种的苋菜，一般在播后一个月后就可以采收。

　　留种的苋菜栽培管理与普通苋菜差不多，只是在采收时间拔除部分植株，留下的植株的行距约为 25 厘米 ×25 厘米，种株不采收茎叶，开花结籽成熟后割取花序，晾干脱粒清选，贮存备用。

食用价值

　　苋菜叶富含易被人体吸收的钙质，可促进牙齿和骨骼的生长，并能维持正常的心肌活动，防止肌肉痉挛。苋菜的铁、维生素 K 含量也很丰富，可以促进凝血，增加血红蛋白含量并提高其携氧能力，促进造血等。苋菜还有清热、解毒、利尿、通利大便等功效。

白锈病

苋菜的白锈病和病毒病

　　苋菜易患白锈病，主要危害叶片。初患病时叶面现不规则褪色斑块，叶背出现圆形或其他形状的白色疱状孢子堆；严重时疱斑密布或连合，叶片凹凸不平，最后枯黄，不能食用。

　　病毒病会危害全株。发病初期植株明显矮缩，而后病株叶片皱缩或卷曲，叶面不平展，叶色浓淡不均，呈斑驳状，有的出现坏死斑点。

根菜类

◆ 马铃薯

马铃薯又名土豆、山药蛋、地蛋、洋芋等，是茄科茄属一年生草本植物，南美洲安第斯山一带是其主产地，在我国广泛栽培，是重要的粮菜兼用作物。马铃薯的食用方法很多，可以煮、焖、炸、炒等，还可以加工成薯条或土豆饼等。

环境要求

庭院、阳台或天台等地方都可以种植马铃薯。我们应选择中等大小的栽培容器，像花盆、箱子、栽培槽都可以，深度以 30~40 厘米为宜。马铃薯要求土层深厚，松软、透气、排水良好，沙质土壤最适宜，可用菜园土、厩（堆）肥、河沙配制。马铃薯的最适宜播种时间应保证气温稳定在 5℃以上，北方适宜秋季种植，一般是 10 月左右，南方适宜春季种植，一般为 1 月中下旬至 2 月上旬时播种。

阳台种植马铃薯

马铃薯

马铃薯发芽   家种马铃薯

栽培与管理

1. 播种前的准备

家庭菜园种植马铃薯主要是通过块茎繁殖。将薯种切成30克左右的小块，保证每块含1~2个芽眼。注意刀具一定要清洁，最好用75％酒精或0.5％高锰酸钾溶液浸泡5分钟，切完几个种薯后，刀具要用药液擦1次。

马铃薯发芽速度不可能一致，先播种已发芽的，没发芽的经统一催芽后再播。待切块的刀口晾干愈合后，放在15~20℃的条件下催芽。具体方法是，薯芽向上，覆3~5厘米厚的土并盖上塑料薄膜，其可以起到增温保湿的作用。待芽长出后再播种。

2. 播种

马铃薯一般是采用穴播或开沟种植。播种前一天将土壤浇透水，按照20~25厘米的距离，将发芽的薯块放于穴内，覆土约8厘米厚。注意如果覆土过浅，薯块会外露变青，影响品质；覆土过深又会延迟出苗，也不利于马铃薯生长。

3. 浇水

出苗后要注意检查，发现烂种要用已催芽的种薯补苗。出苗后一段时间内，不浇或少浇水，促进根系发育。当茎叶生长加快时适当多浇一些水，随着植株长大要逐渐培土并及时浇水，以保持土壤湿润。开花后块茎迅速生长，应勤浇水，结薯后期减少浇水，收获前一周停止浇水。

4. 施肥

苗期植株长至 20 厘米时，要追施 1 次氮肥和磷肥的混合肥。现蕾后再进行第二次追肥，以磷钾肥为主。

采收

开花后，当茎叶大部分变黄时，选晴天土壤较干时收获马铃薯。将植株全部挖起，收取薯块。

马铃薯开花

马铃薯

食用价值

马铃薯营养价值很高，含有丰富的维生素 B_1、维生素 B_2、维生素 B_6 和泛酸等 B 族维生素及大量的优质纤维素。它还富含柔软的膳食纤维，脂肪含量低，有助于减肥修身。

马铃薯

马铃薯

发芽马铃薯为什么不能吃？

食用发芽的马铃薯会引起中毒，这是因为发芽马铃薯会产生有毒生物碱——龙葵素。龙葵素具有腐蚀性、溶血性，并对运动中枢及呼吸中枢产生麻痹作用。每 100 克马铃薯中龙葵素的一般含量为 2~10 毫克，而发芽、表皮变绿后可达 35~40 毫克。幼芽及芽眼部含有的龙葵素是最多的，因此，如果马铃薯已稍有发芽、发青的部位应彻底清除。如果发青的面积较大，发芽的部位很多，则应将整个马铃薯丢弃。

胡萝卜

◆ 胡萝卜

胡萝卜别名黄萝卜、丁香萝卜、
萝卜，又被称为胡芦菔、红菜头、红萝
卜等。另外因胡萝卜营养价值高，有地下"小
人参"之称。分布于世界各地，中国南北方都有栽培，产量在根菜
中居第二位。可以炒食、煮食、生吃、酱渍、腌制等。

环境要求

胡萝卜的种子在 20~25℃温度条件下易发芽，所需时间约为 5 天；茎叶最适
宜在 23~25℃条件下生长，幼苗可耐 27℃以上的高温；直根膨大期的适宜温度是
13~18℃。胡萝卜对光照有较高的要求，特别在肉质根肥大期间，一定要保证其充足
的光照，否则就会降低产量、影响质量。种植期间要保证土壤湿润，特别是发芽期更
是不能缺水，植株形成期若土壤过干，会造成肉质根细小、粗糙，外形不正，质地粗
硬。胡萝卜适宜生长在土层深厚肥沃、排水良好的壤土或沙壤土中。为让根部有充裕
的生长空间，栽培容器至少要 40 厘米宽，高度至少要 40~50 厘米。

胡萝卜

胡萝卜

栽培与管理

1.播种

胡萝卜种子发芽率较低，只能用当年或上年的种子，购买时宜选择处理过的光籽，若是毛籽则需除去刺毛并浸种。给栽培容器中的土浇透水，将种子撒播于土面，覆2厘米左右的土，保持土壤湿润，在18~25℃的适宜温度下约10天发芽。

2.苗期管理

胡萝卜幼苗期生长很慢，注意不要浇太多水，不干即可，随浇水喷施1~2次稀薄的腐熟有机肥。长出1~2片真叶时进行第一次间苗，株距2~3厘米。有3~4片真叶时进行第二次间苗，株距约5厘米。长出5~6片真叶时再一次进行间苗，株距约15厘米。间苗时拔掉叶片太深、太多、太短的苗。也可在2~3片真叶时移栽定植，株距约15厘米。叶片生长茂盛的时候要适当控制水分，需要时可适当培土；肉质根开始膨大时增大浇水量并均匀浇灌，但不能积水。当长到7~8片真叶时，要进行施肥，结合浇水进行，每隔20天左右喷施1次。在发芽后的1~2个月内，地下根部开始不断生长，顶端会稍微露出土面，应培土将其覆盖住，以免照射变色。

采收

　　种植 3 个月左右，当肉质根充分膨大后即可收获。当肉质根附近的土壤出现裂纹，心叶呈黄绿色而外围的叶子开始枯黄时，说明肉质根充分膨大了。采收前浇透水，等土壤变软时将胡萝卜拔出或用竹片等工具小心地将胡萝卜挖出。

胡萝卜

食用价值

　　胡萝卜中的胡萝卜素含量很高，可增强免疫力，强身防病。胡萝卜中还含有芥子油和淀粉酶，能促进脂肪的新陈代谢。胡萝卜富含维生素 A，可促进机体的正常生长与繁殖，维持上皮组织，防治呼吸道感染，保持视力正常，治疗夜盲症和眼干燥症。妇女进食有助于降低卵巢癌的发病率。胡萝卜内含琥珀酸钾，有助于防止血管硬化，降低胆固醇，并有防治高血压的功效。胡萝卜素可清除致人衰老的自由基，B 族维生素和维生素 C 等营养成分也有润皮肤、抗衰老的作用。

胡萝卜

櫻桃萝卜

◆ 樱桃萝卜

樱桃萝卜，别名西洋萝卜、微
型小红萝卜、四季萝卜等，
是萝卜的小型品种。十字
花科萝卜属一年或二年生草本。
樱桃萝卜原产欧洲，是日本及欧美一些国家
经品种改良后选出的一些微型优良品种，直根重
15~20克，精致小巧、颜色俏丽、质地优良，且容易成熟，
故而深受人们喜爱。樱桃萝卜形状有圆球形、椭圆形、扁圆形、纺锤形等，常见的为
圆球和扁圆形，表皮有正玫瑰红、半玫瑰红、淡红色或白色。樱桃萝卜种子比其他萝
卜种子稍小一些。种子发芽力可保持 5 年，但时间越长，种子长势越差，所以购买种
子时要注意生产日期，近 1~2 年内生产的种子是最好的。

樱桃萝卜脆嫩，味甘甜，辣味较大型萝卜轻，适宜生吃，还可做汤、腌渍，做中
西餐配菜。樱桃萝卜的叶片也可以食用，不仅鲜嫩爽口，而且营养成分很高，可生食，
蘸甜面酱或凉拌，清香爽口，风味独特。

樱桃萝卜

庭院种植樱桃萝卜

环境要求

樱桃萝卜原产于温带地区，为半耐寒性蔬菜。种子在 15~25℃温度下易发芽。植株生长温度范围为 5~25℃，20℃左右是最适宜生长的。25℃以上时有机物质的积累减少，呼吸消耗增加，不利于生长。对光照需求不是很大，属中等光照的蔬菜，也较耐半阴的环境，但在叶片生长期和肉质根生长期，最好光照充足，可有效提高产量，质量也会更好，且生长期较短。樱桃萝卜生长过程中需要均匀的水分供应。在发芽期和幼苗期不要浇水太多，只需保证种子发芽对水分的要求和土壤湿润就可以，应小水勤浇。生长盛期，叶子越来越茂盛，蒸腾作用强，不耐干旱，这时期需要多浇水。如果水分不足，萝卜中含水量少，易糠心，不但维生素 C 的含量会低，而且肉质根生长缓慢，须根增加，品质粗糙，口感也会差。但土壤水分过多也不利于樱桃萝卜生长，会导致通气不良，肉质根表皮粗糙。

栽培与管理

　　樱桃萝卜适应性强，易管理，种植在家庭菜园中是很适宜的。阳光充足的阳面阳台、天台、窗台及庭院空地都可以利用起来。樱桃萝卜生长快、植株小、根系浅，多数栽培容器都可以种植，如各种花盆、塑料箱、栽培槽，大小、容积不限，深度以20~25厘米为宜。现主要介绍樱桃萝卜的盆栽技术。

　　1. 准备

　　选择排水性好的沙质土壤或较细的壤土，不能选太黏的土壤，黏土不利于萝卜向下扎根，果实易出现畸形。若土壤较黏，可向其中添加占土壤一半体积的草炭和相同体积的中粒蛭石，将三者混匀装盆使用；若使用商品基质混配成栽培土，宜将草炭和细粒蛭石以2：1的比例混配。

　　2. 播种

　　樱桃萝卜在多数季节均可播种，夏季高温期除外。樱桃萝卜适合干籽直播，播种前将土壤浇透水，水下渗后播种，条播、撒播均可。若实行条播可用小棍划出几条间距10厘米的深约0.2厘米的浅沟然后沿沟播种，然后覆盖0.5厘米厚的土壤。条播可以节省种子的用量。但无论采用哪种播种方式，都要及时间苗。

容器栽培樱桃萝卜

庭院种植樱桃萝卜

3. 间苗

樱桃萝卜在幼苗生长期间，一般需要间苗 2~3 次，当子叶展开时就应进行第一次间苗，拔除较密处的幼苗、弱苗，使幼苗之间的距离加大，最后保证在肉质根膨大前株苗彼此有 5~6 厘米的距离即可定苗，此时幼苗应具有 3~4 片真叶。间苗时一手拿住要拔除的幼苗，另一只手要按住该幼苗周围土壤，防止伤到其他幼苗的根。

4. 浇水

樱桃萝卜生长十分迅速，需要水分较多，播种后要保证充足的水分，以促进快速生长，提高产量和品质。浇水时要缓慢，以免冲歪直根，尤其对于直根露出土面的品种更要小心。播种后 10~15 天，直根破土而迅速膨大，特别要多浇水。采收前 2~3 天，就不要浇太多水了，尤其是长形品种，水分过多，直根易开裂。

5. 施肥

樱桃萝卜生长速度快，除施足基肥外，还需酌情追施 2~3 次速效肥。当长 3 片叶左右的时候施第一次肥，家庭发酵好的肥水均可施入。至 4~5 片叶时，直根迅速膨大，要再次施肥，可用麻酱肥和草木灰，充分溶解后施入。

盆栽樱桃萝卜

保持水分充足

初采收的樱桃萝卜

采收

樱桃萝卜从播种到收获大概要一个月的时间，但栽培季节不同或栽培方式不同，收获的具体时间也有所不同。当肉质根美观鲜艳，直径达到 3 厘米左右时即可采收。采收时间不宜过迟，过迟纤维量增多，易产生裂根、空心，影响质量。

食用价值

樱桃萝卜之所以受欢迎，除了因为其外形美观，还因为其具有较高的营养价值和多种食用方法。樱桃萝卜含各种矿物质元素、微量元素和维生素、淀粉酶、葡萄糖、氧化酶腺素、胆碱、芥子油、本质素等多种成分。

樱桃萝卜性甘、凉，味辛，能通气宽胸、健胃消食、止咳化痰、除燥生津、解毒散淤、止泄利尿，属于药用保健蔬菜。种子中所含的芥子油具有特殊的辛辣味，能在一定程度上抑制大肠杆菌等，有促进肠胃蠕动、增进食欲、帮助消化的作用。樱桃萝卜还含有莱服脑、葫芦巴碱、胆碱等，这些物质都具有药用价值，萝卜醇提取物有抗菌作用，汁液可防止胆结石形成。

樱桃萝卜

樱桃萝卜

◆ 芋

芋又名"芋艿""芋头"等，是天南星科芋属多年生草本植物，作一年生栽培，主要在我国南方地区栽培。球茎富含淀粉及蛋白质，供菜用或粮用，也是淀粉和酒精的原料。芋耐运输贮藏，能解决蔬菜周年均衡供应，并可作为外贸出口商品。芋分为多子芋、魁芋、多头芋，家庭栽培的主要是多子芋（早熟芋）。芋可蒸食或煮食，口感细软，绵甜香糯，还可以炒、烩、炸食。

芋

芋苗

环境要求

芋适宜在庭院、天台等地方种植。我们需要准备较大的花盆、箱子或栽培槽，深度 30~40 厘米。南方春季种植一般在 2 月中下旬至 3 月初播种。最适宜的土壤是土层深厚、松软、透气、排水良好的沙质土壤，可用菜园土、厩（堆）肥配制。

芋苗

栽培与管理

1.选种

选择上年采收的无病虫、顶芽健全而饱满、重量约为 40~50 克的子芋作为种子。播前晒种 2~3 天，去除表面的叶鞘（毛）。

2.播种

芋可直播，也可催芽后播种。芋在低温时先长根后长芽，为缩短芋的生长周期，增加产量，播种前进行催芽较好。催芽时先准备 10 厘米厚的培养土，将种芋整齐排在培养土上，覆盖上土，保证刚好盖过种芋，浇些水，保持土壤湿润，还可覆盖一层薄膜保温保湿。当芽长出 4~5 厘米，有较多根，气温稳定在 12℃以上时即可定植。催芽后多采用穴播，具体做法是挖 35~40 厘米株距的穴。浇些水，保证土壤潮湿，将种芋横放于穴内，覆盖细土或腐熟堆肥，覆土厚度以种芽微露为准。

3.浇水

整个生长期的芋既不耐旱，也不耐涝。苗期应保持土壤湿润，生长旺盛期和结芋期应多浇水。遇干旱天气要在傍晚灌水浸湿，若降水量较大，也要注意及时排水。

4.施肥

芋苗期生长缓慢，前期需肥少，中后期需肥较多。当芋长出 3 片真叶时，要施用尿素加稀有机肥，这可以加快苗的生长。当芋有 8~9 片叶时就进入旺盛生长期，这时进行 1 次中耕培土，并用有机肥追肥 1 次。当芋有 15 片叶时，要用复合肥追施 1 次，可促进结芋。

5.抹芽

芋分蘖性强，在生长过程中子芋容易长成植株出土，不能任其生长，否则会过多消耗子芋的营养，降低子芋产量，还会导致子芋形状变长，品质下降。因此要及时抹芽，即用利刀割去子芋的地上部分，并及时覆土。

盆栽芋头

采收

芋叶片发黄，根系枯萎时即可采收。采收时整株挖起，将子芋与母芋分离，晾干表面水分，去除残须残叶。

食用价值

芋中富含蛋白质、钙、磷、铁、钾、镁、钠、胡萝卜素、烟酸、维生素 C、B 族维生素、皂角甙等多种成分，所含的矿物质中，氟的含量较高，能有效保护牙齿。芋为碱性食品，能中和体内积存的酸性物质，调整人体的酸碱平衡，防治胃酸过多症，有美容、养颜、乌发的功效。芋含有丰富的黏液皂素及多种微量元素，可帮助机体纠正微量元素缺乏导致的生理异常，同时能增进食欲，帮助消化。

由于芋营养价值丰富，能增强人体的免疫功能，因此常作为药膳食用。

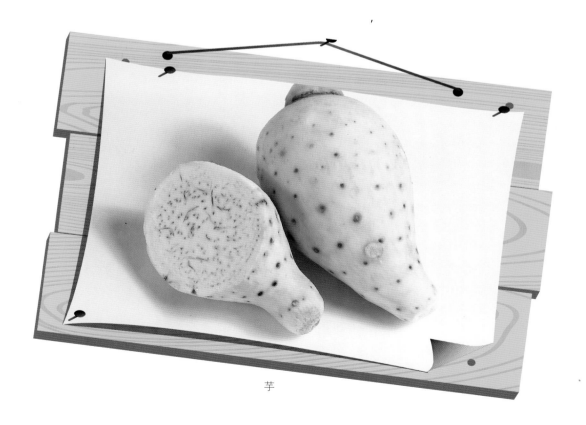

芋

芋

姜

◆ 姜

姜又称生姜，是姜科姜属植物中能形成地下肉质块茎的栽培种，多年生草本植物，作一年生栽培，以肉质块茎供食用。

姜

环境要求

庭院、天台、阳台、窗台、客厅都可以种植姜。可选用花盆、箱子、栽培槽进行栽培，栽培容器的口径应大于 20 厘米，深度要在 30 厘米以上。姜适宜生长在肥沃疏松、富含有机质、微酸性的土壤中。可用菜园土、厩肥或堆（沤）肥、木屑配制。姜喜欢温暖、湿润的环境条件，适宜春季栽培，不耐霜冻，16℃以上开始萌芽，南方一般在 3~4 月份开始种植。

栽培与管理

1. 播种

姜主要采用块茎繁殖，选种要求是块大、丰满、表皮光亮、未受冻、无病虫害、晒后不干缩。播种前晒姜 1~2 天后掰姜种，根据不同的品种，大姜品种每块 70 克左右，小姜品种每块 45 克左右，胖姜品种每块 80 克左右，最好选用一块姜一个芽的品种。若是种在容器中可以直播，若是在庭院栽培最好开沟种植，沟深 15 厘米左右。株距 20 厘米，行距 50 厘米。播种后覆 4~5 厘米厚的土。出苗前覆盖稻草，有利于出苗，因为稻草起到了保温保湿的作用。

2. 遮阴

姜生长前期在强光的照射下，叶片容易枯萎，不利于生长，因此，若是在天台种植姜，出苗后应及时搭阴棚遮阴，入秋以后，天气转凉，要及时拆除阴棚。将姜套种在瓜棚底下是很好的选择，夏季炎热时可利用瓜棚遮阴。

姜苗

成熟的姜

3. 浇水

生长前期，姜对水的需求量不大。播种后如土壤湿润，不需浇水即可出苗，若土壤干燥应浇 1 次水，注意不宜过多。出苗后视土壤情况及植株长势适时浇灌；高温期最好在早、晚浇水；雨水多时注意排涝，不可积水，高温高湿最容易引发病害。

4. 培土与追肥

姜在生长期要进行多次中耕松土及追肥培土工作。中耕、除草在苗高 15 厘米左右时进行，顺便进行培土，约培 3~5 厘米厚，追肥主要是追施有机肥。

随着分蘖的增加，每出一苗再追 1 次肥，培 1 次土，培土厚度不能埋没苗尖。培土可以抑制过多的分蘖，使姜块肥大。

采收嫩姜

采收

姜一次种植，可根据需求分多次采收种姜、嫩姜、老姜。在苗高20~30厘米、具5~6片叶、新姜开始形成时采收种姜。采收时尽量多挖土，避免伤根，少动植株。初秋天气转凉，趁姜块鲜嫩，提前收获嫩姜。此时采收的姜非常鲜嫩，水分较多，辣味轻，主要用于腌渍、酱渍和糖渍。在初霜来临之前，植株大部分茎叶开始枯黄，地下根状茎已充分成熟，此时采收的是老姜。采收后可掰去茎秆或留2厘米左右，去除根即可。

食用价值

姜含姜辣素，具特殊香辣味，是做菜、炖肉离不开的调味蔬菜。此外，姜还有一定的药效，它能散寒发汗，姜茶可以治疗感冒。夏季人们常食冷凉食物，对胃不利，而姜有健胃、驱寒、发汗的功效，故有"冬吃萝卜夏吃姜"之说。

姜

姜

盐醋姜汤巧治空调病

到了夏天之后，不少人容易得"空调病"，肩膀和腰背会遭受风、寒、湿等病邪的侵扰，特别是老人容易复发肩周炎。遇到这种情况，可熬一些热姜汤，在热姜汤里加少许盐和醋，然后用毛巾浸熬制好的盐醋热姜汤敷于四肢酸痛处，反复数次，能使肌肉由张变弛、舒筋活血，大大缓解疼痛。

果菜类

◆ 番茄

　　番茄又名西红柿，果实营养丰富，食用部位为多汁的浆果，口感酸甜；可以生食、煮食，也可以加工制成番茄酱、汁，是家庭小菜园中最受欢迎的蔬菜种类之一。番茄的品种很丰富，按果的形状可分为圆形的、扁圆形的、长圆形的、尖圆形的；按果皮的颜色分，可分为大红色的、粉红色的、橙红色的和黄色的；按果实大小可分为大果番茄和樱桃番茄两大类；按生长类型分为有限生长型和无限生长型。

番茄

樱桃番茄

环境要求

番茄在温暖的环境中长势良好,白天适宜的温度为 25~28℃,夜晚为 16~18℃。在低于 15℃的环境中,番茄种子不易发芽,授粉及番茄转红也会受到影响;低于 10℃,生长缓慢,影响生殖发育,5℃时茎叶停止生长,2℃则受到冷害,0℃就会死亡。温度过高也不利于其生长,高于 35℃时其生殖发育会受到影响,高于 40℃时会停止生长。

　　番茄对光照要求很高，每日光照时数约 12 小时最适宜番茄生长，一般每日照射 8 小时也可健康生长。若光照不足，就会茎节细长，叶片变薄且颜色浅，花的质量不好，容易凋落。

阳光充足的环境适宜番茄生长

盆栽番茄

　　番茄除发芽、出苗以及分苗定植后的缓苗期要求很大的水量外，其他时期都不需要高湿度。定植前和开花期以及转熟期要适当控水，其他各期只要保证充足的水分供应即可。

　　番茄对肥料需求较大，各时期都需要补充充足的营养，但不同时期对肥料需求是不同的，不能一成不变，前期侧重氮肥，后期侧重钾肥，磷肥伴随始终。

栽培与管理

栽培番茄可购买秧苗后栽种，也可用种子直接播种。注意要根据栽培方式购买秧苗或种子的品种，例如，容器栽培的番茄最好是矮化品种。

1. 准备

如果菜园主人预备通过购买种苗栽培的话，就要了解挑选种苗的方法。番茄壮苗标准是 8 叶 1 心，高 20 厘米，茎粗 0.5 厘米左右，叶色绿，秧苗顶部平而不突出，根系发达，须根多。如果叶龄过小，定植后开花结果较晚，影响早期产量。若叶龄过大，定植时易伤根、叶，缓苗期较长，长势不茂盛。

长势良好的番茄

也可以自育苗，番茄种子基本上都是杂交一代，并且完全是袋装，一般能用 2~3 年。家庭小菜园可在容器内育苗。

种子需要先浸种。先将种子浸泡到清水中 1~2 小时，捞出后把种子放入 50~55℃的水中，保持这样的水温浸泡 15 分钟，然后，再在常温水中继续浸种 3~4 小时。温水浸种时，水量为种子量的 5~6 倍，要不停搅拌，保证种子均匀受热，以防烫伤种子；同时要不断加热水，维持 55℃水温。温水浸种可以预防叶霉病、早疫病等病害发生。

番茄种子

番茄小苗

2.播种

将花盆或其他容器装上栽培土，土顶面离花盆沿 2~3 厘米。把栽培土耙平，浇足够水，水渗下后播种。如果种子已经催芽的，按 2 厘米左右点播，然后覆盖上一层 1 厘米左右的细土，用塑料薄膜或玻璃将花盆罩住，放在阳光充足的地方。每天早上把塑料薄膜或玻璃拿下，抖去膜上的水珠或用干布擦干玻璃，然后再盖上，出苗后及时撤去。

3.苗期管理

白天尽量将其放到阳光照射的地方，不控制温度和水分。在阳台育苗准备日后移栽到庭院的，在定植前 10 天左右，将苗移到庭院的地上摆放，晚上有霜的话，不要忘记及时移入室内或用包装物覆盖。

庭院种植的番茄

4. 整地定植

番茄苗龄一般达 90~120 天，幼苗具 8~10 片真叶时定植。

（1）庭院栽培。庭院栽培番茄的土地要保证前茬没栽培过番茄、辣椒、茄子等茄果类蔬菜。如果要用腐熟农家肥栽培番茄，开春后结合浅翻，每平方米均匀施腐熟农家肥 10 千克左右，耙平后做畦，每畦栽植 2 行。北方多用平畦或半高垄，通常畦宽 1.2~1.3 米；南方多用高畦栽培，一般畦宽 0.8~1.0 米，沟宽 30~40 厘米，畦高 20~25 厘米。使用化学肥料的，在定植的行上沟施，每平方米施氮、磷、钾复合肥 50 克，过磷酸钙 30 克，开沟施入，然后与土拌匀，盖土。根据番茄品种的不同，种植的密度也应有所差异，自封顶或早熟品种留 2 穗果(2 个花序)的通常每平方米定植 8~10 株，中熟品种留 3 穗果的每平方米定植 6~7 株，留 4 穗果的每平方米定植 5~6 株，晚熟品种搭架栽培的每平方米定植 4~5 株。

（2）容器栽培。将番茄苗栽入已装好栽培基质的容器后浇透水，小的容器栽培 1 株，大的可以栽培多株。注意容器内的栽培基质也不能是上一茬种过茄果类蔬菜的。

5.定植后的管理

（1）庭院栽培管理。

①搭支架。有限生长型的番茄不用支架绑蔓，无限生长型的当株高30厘米时就要搭简单的支架。架材可用竹竿或其他材料。架的高度由选定的品种和栽培方式决定，一般为1~1.8米。植株每增长20厘米左右，用布条或塑料绳绑蔓1次，松紧要适度。

②摘心。在确定保留花序的上面摘心，保留花序上面的2~3片叶，自封顶的不用摘心。如果想延长番茄生成期，也可不摘心。

庭院番茄支架

③除杈。如果只用主干结果，所有的侧枝都要剪掉，注意剪刀要消毒。如果要利用侧枝结果，除了保留结果的侧枝外，其余侧枝也要减掉。侧枝要在结果初期或侧枝长到约 10 厘米长时剪除。

④整枝。由于番茄的生长类型、密度、肥力条件及管理水平不同，整枝方式也有所差异。常见的整枝方式包括单干整枝、双干整枝、一干半整枝等。单干整枝就是只保留主干，去除所有的侧枝的整枝方法，适用于早熟栽培；双干整枝是除主干外，还选留 1 个侧枝作为第二个主干结果，摘除掉主干的其他侧枝和第二个主干结果枝的侧枝，这种整枝方式适用于株行距较大的情况或大容器栽培的情况；一干半整枝是先按双干整枝的方法选定第二个主干，当第二个主干结 1~2 个穗果后留 2~3 片叶摘心，该整枝法兼具前两种整枝法的优点。

番茄苗

适当疏果

果实生长旺盛期追肥

⑤蔬果。每穗花序坐果后，要减掉那些质量差或畸形的果实。一般大果番茄的每个果穗留 4~5 个长势均匀的果即可。

⑥追肥。如果栽培基质底肥充足，一般前期就不需要施肥了，只在中后期追肥。如果栽培基质营养贫乏，可在缓苗后追氮肥，以促进植株和果实的生长。在第一个果穗开始膨大时追施第二次肥，以提高坐果率，促进果实膨大。果实生长旺盛期进行第三次施肥，可防止植株早衰，提高中后期产量和品质。

番茄花

⑦摘除老叶。在番茄生长的中后期，及时摘除老叶，否则它们会和新叶争夺养分，影响植株通风透光，还易感染病害。

（2）容器栽培管理。

①水肥管理。番茄入盆后浇充足的水，20天以后追施鸡粪或饼渣沤的肥，每盆100~150克，约每10天就要施1次肥，3~5天浇1次水。坐果前不要浇太多水，果实膨大期保持盆土湿润。

②连续摘心。番茄长势旺盛，若每侧的腋芽都有成枝、开花、结果，就需要进行双干、三干整枝，待植株高80厘米左右时摘去生长点，这样植株不会一味长高，会更壮实。为增加植株光合作用的面积，促进结实率，多主干长出的侧枝有1~2穗花序时，上留1~2片叶摘心。花盆中若种植的有限生长型番茄品种可以不用摘心，养分更能集中供应果实。但采用无限型番茄品种，就要多次摘心换头才能收获高质量的果实。

　　③扭枝、摘叶、打杈。晴天下午最适宜进行扭枝，即便不能在最适宜的时间扭枝，也一定不能在阴雨或晴天的早晨进行。摘叶时尽量使果穗坐落在盆表面，基部的黄老叶和枝杈也要及时摘除，不但利于通风透光，还能减少养分消耗。打杈可促进植株生长和果实膨大，以利果实见光着色。

　　④引缚。引缚是针对无限生长型的品种，可用塑料绳根据情况引缚，以便充分利用空间多开花、多结果。

　　⑤支架。竹竿或木棍做支架是针对较高大的植株或果实较重的情形，小型品种则一般不需要。在阳台栽培的可以用吊绳代替支架。

搭支架

采收

果实完全成熟后就可以采收了，此时含糖量高，甜美可口。傍晚气温较低时是适宜采收的好时节。庭院露地栽培应在下霜前将果实全部采摘完，也可移栽到室内以延长其生长期。

采收期的番茄

番茄

食用价值

番茄具有健胃消食、生津止渴、润肠通便的功效，所含苹果酸、柠檬酸等有机酸，能促使胃液分泌，促进脂肪及蛋白质的消化，增加胃酸浓度，调整胃肠功能，有助胃肠疾病的康复。番茄还含有胡萝卜素和维生素 A、维生素 C，能祛雀斑、美容、抗衰老、护肤。番茄中含有的尼克酸能维持胃液的正常分泌，促进红细胞的形成，有利于保持血管壁的弹性。

近年来，研究证实番茄中所含番茄红素具有独特的抗氧化作用，可清除体内的自由基，预防心血管疾病的发生，有效地减少胰腺癌、直肠癌、口腔癌、乳腺癌的发生，阻止前列腺癌变的进程。

丝瓜

◆ 丝瓜

　　丝瓜又名凉瓜、水瓜、布瓜、天络瓜，是葫芦科丝瓜属一年生攀缘性草本植物。印度是丝瓜的原产地，约宋朝年间引入中国，得到了广泛的种植。丝瓜主要分肉丝瓜和棱角丝瓜两种，前者全国各地均有栽培，后者南方栽培较多。

环境要求

阳光充足的庭院、阳台或天台等地方最适宜种植丝瓜。其对土壤要求不高，适宜生长在土层深厚、潮湿、富含有机质的培养土中。可用菜园土、厩肥或堆（沤）肥、泥炭土配制。丝瓜的栽培容器应选择大型花盆、箱子或栽培槽，深度应不低于35厘米。春、夏、秋季都能种植丝瓜，在南方适宜3~8月种植。丝瓜为短日照蔬菜，春季栽培不宜太晚播种，以免光照太长造成雌花量少，影响结果量。丝瓜喜欢高温，生长适宜温度20~30℃。生长期间要求每天的光照时间不少于8小时。

庭院种植的丝瓜

栽培与管理

1. 播种育苗

丝瓜可以直播也可以育苗移栽，通常育苗的产量更高。先将种子放在 50~52℃ 的温水中浸种 15 分钟，期间要不断搅拌，再将种子浸泡在常温水中 10 小时，捞出后催芽，待露白后即可播种。每穴放 1~2 粒种子，然后覆土 1~2 厘米厚，在温度适宜的条件下，4~5 天可出苗。若采用穴盘育苗，幼苗长到 3~4 片真叶时就可以移栽，保持 30~40 厘米的苗距。注意移苗时要带土，尽量不伤根系。

丝瓜苗

容器种丝瓜

2.水肥管理

定植后浇稀薄有机肥提苗，之后隔 3~5 天浇 1 次水，保持土壤湿润。丝瓜耐肥、喜湿，不易徒长，在潮湿的环境条件下长势旺盛，质量好、产量高。瓜蔓上架和开始结瓜时，各施 1 次重肥，整个生长期总共要追肥 3~4 次。结瓜期间若天气干燥，注意勤浇水，水量要均匀。

3. 搭架

　　丝瓜属蔓性植物，需要搭架或引蔓。家庭一般种植数量不多，可让其沿露台、屋顶、窗台的护栏攀爬。当瓜蔓长到 30~50 厘米时就要搭架、引蔓和绑蔓，促使瓜蔓上架。丝瓜分枝性较强，上架前要将其侧枝全部剪掉。上架后，分枝可采用"之"字形引蔓，使瓜蔓在架子上均匀分布。另外，丝瓜要垂挂在枝头上，才能长直，如发现幼瓜搁在架上或被卷须缠绕应及时调整，使之垂挂下来。

丝瓜搭架

丝瓜花

4. 摘叶

在丝瓜生长中后期，应适当摘除基部的枯老叶或病叶，若蔓叶生长特别茂盛的话，可以在上、中、下不同部位间隔摘除部分叶片。摘除卷须、侧蔓和过多的雄花，仅留少量雄花，都是整蔓时要做的工作，同时还要及时摘除畸形瓜和腐烂瓜。

5. 人工授粉

春季栽培前期天气还较为寒冷，人工授粉可以提高丝瓜的产量。丝瓜的花在午后或傍晚开放，此时摘取雄花给刚开放的雌花授粉，可以提高坐瓜率。

采收丝瓜

采收

丝瓜在鲜嫩的时候最可口，如过期不采收，果实容易纤维化，种子变硬，就无法食用了。从雌花开放开始，约过 10~12 天就可以采收嫩瓜了。采收的标准是果梗光滑变色，茸毛减少及手触果皮有柔软感而无光滑感，此时期最适宜采收。采收最好选在早晨，用剪刀齐果柄处剪断。盛果期每隔 1~2 天采收 1 次。

食用价值

丝瓜中含防止皮肤老化的 B 族维生素，使皮肤变白皙的维生素 C 等成分，能保护皮肤、消除斑块，使皮肤洁白、细嫩，是不可多得的美容佳品，故丝瓜汁被人们称赞为"美人水"；另外，丝瓜藤茎的汁液具有保持皮肤弹性的特殊功能，能美容去皱。月经不调的女士也适宜多吃丝瓜。丝瓜中维生素 C 含量较高，可用于抗坏血病及预防各种维生素 C 缺乏症。由于丝瓜中维生素 B 等含量高，有利于小儿大脑发育及中老年人大脑健康。丝瓜提取物对乙型脑炎病毒有明显预防作用，在丝瓜组织培养液中还提取到一种具抗过敏性物质泻根醇酸，其有很强的抗过敏作用。

丝瓜

丝瓜

丝瓜牛奶防晒面膜

准备适量丝瓜汁、冰牛奶和蜂蜜。在丝瓜汁中混入冰牛奶、蜂蜜，调成糊状制成天然面膜。敷在脸上和脖颈等处的肌肤上，15~20 分钟后，用清水洗净。

此面膜不仅有很好的滋养肌肤的作用，并且防晒的作用也非常好，尤其适用于修复晒伤后的肌肤，效果明显，还可以淡化斑点。

◆ 黄瓜

黄瓜别名胡瓜、青瓜等，是由西汉时期张骞出使西域带回中原的。黄瓜是家庭小菜园中非常受欢迎的一种蔬菜，清脆爽口，生食、熟食均可，用来腌渍也别有一番风味。

环境要求

黄瓜非常适宜生长在温暖的环境中，种子发芽的最适温度为 25~30℃。18~32℃是植株生长最适宜的温度，10~13℃就会停止生长，在 5℃的温度下，生理机能失调，处在 0℃以下的环境中，植株就会死亡。果实发育的适温白天为 25~28℃，夜间为 13~15℃。另外黄瓜根系对地温也有较高的要求，地温应在 15℃以上，20~23℃是最适宜地温。

黄瓜

黄瓜　　　　　　　　　　　　　　　　　　　　　　　庭院种黄瓜

　　黄瓜为浅根作物，大量侧根分布在表土层，而且黄瓜叶大而多，蒸腾作用强，因此，要求补充大量水分，不耐干旱。黄瓜属短日照作物。黄瓜幼苗期，在短日照和较低温度条件下，可使雌花的着生节位降低，增加雌花的数目，并可促使黄瓜提前开花结果。黄瓜在果实生长期需要较强的光照，其可促进果实膨大。

　　黄瓜最适宜生长的土壤是富含有机质的中性至弱酸性肥沃壤土。黄瓜不适宜用黏性重的土壤栽培，因通透性差，产量会降低。黄瓜应实行轮作，否则易得枯萎病。

　　黄瓜对钾肥的需求量最高，其次是氮肥，最后是磷肥，黄瓜在不同的发育阶段对肥料要求是有差异的。幼苗期对肥料的浓度十分敏感，不可一次施数量很多的肥料，应轻施勤施，以氮肥为主。到了结果期，需要施氮、磷、钾混合肥。

栽培与管理

家庭菜园种植黄瓜可购买秧苗栽种，也可用种子直接播种。

1. 准备

（1）菜园主人可以直接购买种苗栽培黄瓜。质量好的种苗应是根系洁白，根毛发达，有4~5片真叶的幼苗。下胚轴长度不超过6厘米，直径0.5厘米以上，子叶完整，节间短，柄长10厘米左右。真叶水平展开，肥厚，颜色浓绿，株冠大而不尖，幼苗看起来比较敦实。

（2）若是用种子直接播种，庭院露地栽培的形式有春季露地栽培、越夏露地栽培和秋季露地栽培等。春黄瓜的播种时间一般是12月底至次年2月底，采收时间为3~6月。夏黄瓜的播种时间为4~5月，6月初开始采收。秋黄瓜一般于7~8月播种，10月采收。

黄瓜苗

庭院种植黄瓜

黄瓜种子

2. 播种

播前最好先催芽，将种子放在 50℃ 的温水中，以促进种子吸水活化，并杀菌，待水温降至 30℃ 时，保持恒温，继续浸 5~6 小时。浸种后，把种子轻搓洗净，放在干净的湿纱布上包起来，保持在 30℃ 条件下催芽，可放于瓷盘内，保持一定湿度，一般两昼夜后会出芽，然后就可以播种了。

具体播种方法是用适量水拌基质，要在手中能捏成团，落地即散，然后将其装入栽培容器内，每穴播 1~2 粒种子，然后盖 0.5 厘米厚的土。

3. 苗床管理

春夏季黄瓜苗一般 15 天左右即可移栽。培养土中的营养基本能满足黄瓜苗生长需要，不需要再施肥。春夏为防治猝倒病可用绿亨一号或多菌灵等常用杀菌剂。黄瓜夏季育苗，要注意防止高温缺水，如果阳光照射很强烈，一定要每天都浇水。

黄瓜花　　　　　　　　　　　　　　　容器种黄瓜

4.定植

（1）庭院栽培。

选择一块近几年没种过瓜类作物的土地栽培黄瓜。先深翻 25~30 厘米，结合翻耕每平方米施入 15 千克优质农家肥做基肥。耙平地面，做深沟高畦，畦宽 1 米左右，畦高 30 厘米，双行植，株距 30 厘米。

具体定植方法可明水栽或暗水栽。明水栽是把苗摆在定植沟或定植穴中，然后浇水，水渗下后用土封沟或封穴。暗水栽，又名坐水栽，一般在定植前先开沟或穴，在沟内或穴内浇水，待水渗一部分后将苗坨坐入泥水中，水渗下后，再封沟或封穴。

（2）容器栽培。

栽培黄瓜的容器最好选陶盆，瓷盆、搪瓷盆、木盆和塑料盆等也可以。为了不限制黄瓜生长，盆的体积不能太小，直径应在 20 厘米以上，盆高不得小于 15 厘米。盆底的孔眼不能太小，如果是独孔粗眼，盆底应放一些瓦片或石子，防止土壤随水从孔中流出。

根据容器大小不同决定栽培株数，小盆每盆栽 1 株，大盆可栽 2 株。将带土坨的黄瓜苗栽入盆中央，栽的深度以表土经过浇水后距盆沿约 3 厘米为宜。不能栽得太浅，否则浇水时容水量少，难以满足黄瓜对水分的需求；当然如果栽得太深，浇水易过量，对植株生长也不利。定植水的浇水量要保证既能把盆土浇透，又不出现积水。一般在栽苗后不马上封土，等水渗完后，再封土。

5.定植后的管理

（1）庭院栽培。

①支架。幼苗定植后应立即搭架，此举可有效防止幼苗被风刮断。在距每株苗

7~8厘米的地方插1根竹竿，也可做成井字架，支架后进行绑蔓。绑蔓的时候，顺便把卷须与下部侧枝摘掉，中上部侧枝见瓜留2叶1心摘心，主蔓满架时打顶，促进结回头瓜。及时摘除枯老叶、病叶，不但有利于通风，还能减轻病害。

②肥水管理。定植4~5天后，幼苗长出新根，生长点出现嫩叶时表明已缓苗，此时需要浇1次缓苗水。若阳光强烈，可提前浇水，但浇水量不要太大，否则会降低土温，不利于缓苗。若土壤比较湿润，可不浇或晚浇缓苗水。浇水后，地表稍干时，要及时中耕，这是为了提高地温。中耕的深度，应该是近根处浅，远根处深，不要松动幼苗的土坨。在没有长出黄瓜之前，管理上主要是"控"，幼苗期约2周，控制水量，多中耕松土。中耕2~3次后培土约4~5厘米促进根系发育，可使秧苗更壮实，花芽大量分化，根瓜坐稳。蹲苗也要适当，要根据土壤干湿状况结合秧苗长势加以判断。控苗过度，幼苗的生长受限制，会出现化瓜或引起根瓜变苦。当根瓜坐住，大多数瓜颜色变深时，随水施少量肥料，可促进根瓜和秧苗生长。随着成熟的瓜不断被采收，植株需要更多的肥料，这时管理方式就要变"控"为"促"。结瓜初期，植株上的瓜不多，如果气温不是很高的话，浇水量不宜过大。采收盛期若气温升高，应大量施肥、浇水，应1~2天浇1次水，甚至1天浇1次。浇水最好选在早晨，不要一次浇太多，不可大水漫灌。追肥结合浇水进行，前期主要施腐熟的自制肥；天气较热后，以施尿素为宜。一般浇1次清水施1次肥，最好是有机肥和化肥交替施用。

庭院种植黄瓜

（2）容器栽培。

①中耕松土。容器栽培后2~3天，用工具来松土。松土时，将土垄到根上，形成中间高四周低的形式，这样水可充分渗到盆底，同时注意别伤到根。因盆的容土量、容水量都受限制，土壤很快就会干了，表面容易形成板结。所以，每次浇过水后，应及时中耕、松土、保墒。为了防止土壤水分蒸发过快，可在盆面覆盖地膜，或者在土表盖些沙子等。

②浇水。盆栽黄瓜的浇水和庭院栽培差不多，但由于盆栽容水量有限，不受地下水的影响，蒸发量大，因此更要遵循小水勤浇的原则。

结瓜以前，不需要浇太多水，保持土壤湿润、叶子不蔫就可以。根瓜开花期间，也不能浇水过多。根瓜形成以后，浇水就要变勤了，每天浇一次水，几小时之后对个别干燥的盆，可再补浇少许水。

浇水次数的多少还与季节有关，夏季比春、秋季浇水多。不同季节里，浇水的时间也有差异，冬季和春季应在上午气温有所上升后浇，早、晚不适合浇水；夏季应在傍晚或早晨浇水，不要在中午浇水。

盆栽黄瓜

阳台种植黄瓜

盆栽黄瓜

搭架绑蔓

③追肥。盆栽黄瓜由于容量受限制，所容总肥量有限，因此很有必要进行追肥，这样才能提高产量。注意追肥也不能过量，否则易出现伤根、死苗的现象。追肥最好是采用少量多次的方法，以化肥为主。一般每次每盆施用硝酸铵 3~4 克，尿素每次每盆 2 克。羊蹄壳是一种很好的肥料，家庭菜园可以好好利用。将羊蹄壳浸泡在水中，让其发酵，然后浇施，也可将羊蹄水与化肥搭配使用。黄瓜的整个生长过程，一般要追肥 6~7 次，每次追肥后要及时浇水。有条件的还可以追浇营养液，效果更佳。黄瓜营养液的配方是在 100 升水中加入硫酸铵 19 克、硫酸镁 53 克、磷酸钙 58 克、硝酸钾 90 克、过磷酸钙 33 克，溶解混匀后便可施用。

④插架绑蔓。盆栽的黄瓜，当长到一定高度也需要插架。一般每盆插 2 根支柱做架，下端插入盆土中，上端两根绑在一起。为了减少架杆遮阴，也可用吊绳法。天台因为风比较大，插的架子易倒，因此，架杆不能太高，要绑牢。若是群盆，可以排列在一起进行联架、单排或双排梯形架。因为架杆较短，瓜蔓采用弯曲绑蔓法或螺旋绑蔓法，每 3~4 片叶绑一道。绑蔓的同时，去掉雄花和卷须。

采收

一般来说，开花后 7~12 天，黄瓜的瓜把颜色变深，瓜皮有光泽，瓜上瘤刺变白，顶稍现淡绿色条纹即可采收。为了食用到鲜嫩的黄瓜，应及早采收。初收每隔 2~3 天进行 1 次，盛瓜期可每日采收。

食用价值

黄瓜富含维生素 E 和黄瓜酶，尤其是小黄瓜，具有润肤、抗衰老的功效。鲜黄瓜中含有的丙醇二酸有抑制糖类转化为脂肪的作用，所以很适合肥胖的人和高血压、高血脂患者食用。黄瓜具有清热利水、解毒的功效，对神经性皮炎、扁桃体炎、咽喉肿痛、小儿积食等多种疾病均有功效。现代医学研究还发现，黄瓜藤有明显的扩张血管、降低胆固醇和降低血压的作用。

采收期黄瓜

黄瓜

黄瓜化瓜

黄瓜化瓜

刚长出的黄瓜瓜纽或果实在膨大时中途停止，由瓜尖至全瓜逐渐变黄、干瘪，最后干枯，这就是黄瓜化瓜。导致化瓜出现的原因很多，几乎所有不适宜的环境条件、不正确的管理方法都有可能引起黄瓜化瓜。例如，育苗期的温度过低，经常处于 10℃以下的低温环境，可能导致花芽分化不正常而化瓜；温度过高，水肥过量，秧苗徒长，花芽的营养不足，分化受阻也易引起化瓜，特别是甩蔓期，过早浇水、追肥，往往使根瓜化掉，而发生徒长；干旱缺水、光照不足时花芽分化不良，也会引起化瓜；未授粉也是化瓜的原因之一。

要想防止化瓜出现，就一定要改善环境条件，合理地调节生长与结果的关系。要保证苗期和生长期有适宜黄瓜生长的温度、光照、水肥条件，进行人工授粉等均可减少化瓜现象。

◆ 辣椒

辣椒，又叫番椒、海椒、辣子、辣角、秦椒等，是一种茄科辣椒属植物，为一年或有限多年生草本植物。辣椒的原产地是墨西哥，明朝末年传入中国。辣椒果实通常呈圆锥形或长圆形，未成熟时呈绿色，成熟后变成鲜红色、黄色或紫色，最常见的是红色的。辣椒具有辣味，是因为果皮含有辣椒素。

根据辣椒的果实形状，主要可分为矮生早椒类、牛角椒类、灯笼椒类、线形椒类、簇生椒类和圆锥椒类六大类型。

环境要求

25~30℃是最适宜种子发芽的温度，辣椒幼苗期不耐寒，气温过低影响生长，需要较高的温度，苗期昼温 27~28℃、夜温 18~20℃是最适宜辣椒生长的，应保证整个苗期气温不低于 15℃。辣椒对光照要求不高，但光照不足会延迟结果期，影响产量，阳光照射过于强烈，温度过高容易灼烧果实或造成落果。辣椒对水分要求较高，既不耐旱又不抗涝，土壤保持湿润的状态最有利于辣椒生长。辣椒根系弱，吸收能力不强，疏松、肥沃的沙壤土最适宜其生长；对酸碱度要求不太严格，但最适宜生长在中性至微酸性的土壤中。辣椒的主根不发达，多分布在深 30 厘米以内的土层内，选择深约 30厘米的泡沫箱等容器即可栽培。家庭常年均可进行辣椒栽培，辣椒在南方可露地越冬。

辣椒

阳台种植辣椒

栽培与管理

1. 浸种

先将种子在水中浸泡 10~15 分钟，拣去瘪籽，再将种子倒入 55℃ 的水中，不断搅拌，用水量为种子的 5 倍。当水温降至常温后浸泡 8 小时左右。此举可为种子消毒，降低辣椒炭疽病、细菌性斑点病、病毒病等的发生概率。浸泡后搓去种皮上的黏液，将种子放在湿布中包好，置于温暖处催芽，催芽温度为 25~30℃。当大部分种子发芽时播种。

2. 播种

将土壤浇透水，将种子撒播于土面，若点播为每穴 2~3 粒种子，然后在种子上面覆盖约 1 厘米厚的细土，保持土壤湿润。在 25~30℃ 的温度下 3~5 天就可以发芽，低于 15℃ 则难以发芽。可以用塑料薄膜将花盆盖上，放在阳光充足的地方。每天早上把塑料薄膜拿下，抖去膜上的水珠，然后再盖上，出苗后及时撤去塑料薄膜。

3. 定植

当长出 8~10 片真叶时，可进行移栽定植，定植应选在温暖的晴天下午进行，移栽一定要带泥土，每盆 1 株，种植深度以子叶齐土为宜，并浇透水。

4. 施肥

可每 7~10 天追施 1 次腐熟有机肥，但不可浓度过大。

阳台种植辣椒

辣椒籽

盆栽辣椒

辣椒

5. 支架和剪枝

当植株高 30 厘米以上时应及时设立支架，将主干用绳子固定在支架上。当主干顶端开始分叉时可进行修剪。尖椒类分叉以下的侧枝一般都会被摘除；甜椒类保留分叉和第一侧枝，其下部的侧枝都摘除。

6. 检查虫害

辣椒苗容易遭受蚜虫危害，要经常检查生长点和叶片背面。

采收

一般花谢后 2~3 周，果实充分膨大、色泽青绿时就可采收，也可在果实变黄或变红时再采摘。注意尽量分多次采摘，连果柄一起摘下，留较多果实在植株上，有利于提高产量。

食用价值

辣椒含有人体必需的多种维生素、矿物质、纤维素、碳水化合物和蛋白质等，尤其是青椒中维生素 C 的含量很高，可使人体内多余的胆固醇转变为胆汁酸，从而预防胆结石。已患胆结石者多吃青椒，可在一定程度上缓解病情。常食辣椒可降低血脂，减少血栓形成，对心血管系统疾病有一定预防作用。

◆ 茄子

　　茄子别名落苏，幼嫩浆果供食用，是茄科茄属多年生草本植物。茄子果实颜色多为紫色或紫黑色，也有淡绿色或白色品种，形状有圆形、椭圆、梨形等。茄子适应性强、容易成活、产量高、供应期长、食用方法多样，非常适宜家庭栽培，是饭桌上的常见蔬菜。茄子既可炒、烧、蒸、煮，也可油炸、凉拌、做汤等。

　　从果实表皮颜色分，茄子可分成紫茄、绿茄、白茄、绿白茄、青茄等；从果实形状分主要有圆茄、长茄和矮茄类型。各地区喜食的茄子类型有所不同，各地的栽培习惯也不一样，家庭栽培时可根据各自的喜好，购买茄苗或种子。

环境要求

　　茄子是喜温蔬菜，比较耐热而不耐寒，适宜生长的温度为 20~30℃，结果期要求 25~30℃，低于 17℃或超过35℃都不利于茄子生长，会造成授粉不良；低于 10℃生长停滞，代谢失调；5℃以下即受冻。茄子对日照长短的要求不高，一般来说，只要在温度适宜的条件下，不论春夏或秋冬季都能开花结果。茄子需要中等强度光照，如果光照不足，会造成植株生长偏弱，光合作用减弱，产量下降，而且色素不易形成。茄子虽然根系发达，但由于分枝多、叶面积大、蒸腾作用强，所以不耐旱，需水量大，尤其在开花结果期更是需要充足的水分，应保持土壤湿度在 80%左右。但水量也不能太大，因为茄子也很怕涝，如果地下水位高，排水不良，容易烂根；雨水多，空气湿度大，不利于授粉，落花落果严重，所以春夏秋季要注意排水。茄子对土壤适应性较强，富含有机质、疏松、排水良好的土壤是最合适的。茄子比较耐肥，又以嫩果为产品，需要较多的氮肥供应，钾肥次之，磷肥较少。此外茄子容易出现缺镁症，缺镁时会妨碍叶绿素的形成，叶脉周围变黄，所以应补充镁肥。

长茄子

圆茄子

茄子花

栽培与管理

茄子土壤病害重，要进行轮作，或者用嫁接苗或进行土壤消毒。

1. 准备

（1）购买种苗。挑选种苗的标准是子叶完好、宽大，胚茎粗短，高3厘米左右；有6~7片真叶，叶片肥厚、宽大，叶色深绿，心叶鲜嫩；茎粗壮，花芽分化良好，第一花蕾已现，但未开花；根系发达，须根多，白嫩。

（2）自育苗。家庭菜园也可以在容器内育苗。用6份无污染的田土与2份腐熟优质鸡粪或猪粪、2份腐熟的马粪或稻糠混匀，过筛备用。将茄种浸泡在1%浓度高锰酸钾中30分钟，经反复冲洗后，放入55℃的水中浸种15分钟，而后在20℃的水中浸泡24小时。用细沙搓掉种皮上的黏液，然后用湿布包起来，放在25~30℃的环境下催芽，大约5~6天就会出芽。

2. 播种

将准备好的培养土放入容器中，将种子均匀播到容器表面上，如果是庭院种植，每平方米播种35~40克。茄子苗龄很长，多在80天以上，因此后期易脱肥，可采用0.3%磷酸二铵根外追肥。

3. 定植

（1）庭院栽培。每平方米施优质农家肥10~15千克，粪土混匀耙平，保持株距25~30厘米摆苗，随后在沟内浇足定植水，渗后培土成垄。

（2）容器栽培。茄子植株大，一般每盆1棵，栽培容器不能太小，因此一般不放在阳台或窗台上。容器栽培和庭院栽培一样，不能重茬。若上年也是种的茄子，就要换新的土壤。

茄苗　　　　　　　　　　　　　　　　　庭院种植茄子

4.栽后管理

（1）庭院栽培。

①水肥管理。定植后 3~4 天浇一次缓苗水，缓苗后开始蹲苗，到门茄瞪眼时（13 天左右）开始暗沟灌水，地温达到 18℃后，既可明沟灌水，也可暗沟灌水，但要注意通风排水。门茄瞪眼时，追施尿素或磷酸二铵，每隔 20 天追一次。

②整枝打叶。庭院栽培茄子适宜采用双干整枝。门茄形成后，剪去两个向外的侧枝，只留两个向上的双干。一般到第 7 个果摘心，有益于果实尽快成熟。门茄瞪眼时打掉基部 3 片叶，以后随着植株生长，逐渐摘除底层叶，以利于通风透光。

③深挖沟。用挖沟的土将畦面加高，不但能防止水淹、增加土壤透气性，还能降低土温。

（2）容器栽培。

当植株高 30 厘米以上时追施 1 次腐熟有机肥，之后根据生长状况，约每月施肥 1 次；开花至挂果时一定要保证肥料供应，约每 10 天 1 次，以磷钾肥为主，每次采收后再施肥 1 次。生长期应一直施用有机肥，非常适合施花生麸。

挂果期应保持土壤湿润，忽干忽湿是最不利的，浇水在傍晚为好。如果挂果较多，应适当摘除，最好让果实自然下垂生长。

庭院种植茄子

阳台种植茄子

茄子

采收时观察环带

采收

想知道茄子果实是否成熟，要观察萼片与果实相连接部位的白色（或淡绿色）环状带的宽窄情况。若环状带宽，表示果实生长快，还不够成熟；若环状带窄或者不明显，表示果实生长转慢，已充分成熟，可以采收了。一般茄子的采收适期是开花后的18~20天。

食用价值

茄子富含蛋白质、脂肪、碳水化合物、维生素以及多种矿物质，特别是含有非常丰富的维生素P。茄子还含有皂草甙，可促进蛋白质、脂质的合成，提高供氧能力，改善血液流动，防止血栓，提高免疫力。茄子中的维生素E，有防止出血和抗衰老功能，常吃茄子，可降低血液中的胆固醇水平，可延缓人体衰老。茄子具有清热活血、消肿止痛的功效，长期服用蒸茄子，可有效治疗内痔出血，对便秘也有一定的缓解作用。医学研究还表明，常吃茄子对慢性胃炎、肾炎水肿等疾病都有一定的治疗作用。

豆类

◆ 豌豆

豌豆又名麦豌豆、寒豆、麦豆、雪豆、荷兰豆，豆科豌豆属攀缘植物，原产地位于亚洲西部、地中海地区和埃塞俄比亚、小亚细亚西部，对环境有很好的适应能力，因此世界上很多地区都有种植，我国各地均有栽培。豌豆可分为矮生和蔓生两种类型。

环境要求

庭院、阳台或天台等地方都可以种植豌豆。可用各种花盆、箱子、栽培槽进行栽培，深度在25厘米左右。豌豆对土壤的适应性较强，土质疏松、富含有机质的沙壤土是最适宜豌豆生长的，可用菜园土和有机肥并加适量的石灰配制。另外要注意豌豆应轮作。豌豆主要是秋、冬季种植，南方的播种时间一般在9~11月。

豌豆

阳台种植豌豆

庭院种植豌豆   豌豆

栽培与管理

1. 播种

豌豆一般采用直播，播种前将种子放进40％的盐水中，将上浮不充实的或遭虫害的种子去除。18~22℃最适宜种子发芽，播种前给土壤浇透水，可穴播，穴距20~25厘米，每穴播种2~3粒，播后覆2厘米厚的土。温度适宜条件下2~3天即可出苗。

2. 浇水

14~22℃是最适宜豌豆幼苗生长的温度。豌豆较耐旱，若发现早晚叶片萎蔫再浇水。植株生长喜欢凉爽的环境，不耐高温和霜冻。开花结果期最适宜开花和豆荚发育的温度是15~20℃，保持土壤湿润但不要积水；结荚后期，豆秧封垄，控制水量。

3. 搭架

矮生品种不用搭架。蔓生品种必须插竹竿引蔓，当苗高30厘米时就要及时做这项工作了，牵引豌豆苗攀爬竹竿，尽量使茎叶分布均匀。也可以搭"人"字架，用纤维绳沿着竹竿向上，每隔30厘米左右横向牵一条绳，共牵3~4条即可。

4. 施肥

生长期不要施太多氮肥，应在土壤中施足有机肥，出苗10天左右施1次稀薄的有机肥；开花前，浇小水追施速效性氮肥，并进行松土；茎部开始坐荚时，追施磷钾肥。

采收

花谢后 10~15 天，豆荚已发育成熟，颜色变深，种子开始形成，照光见籽粒痕迹，此时是最佳采收时期。采收时不要太用力，以防拉伤茎蔓，也可用剪刀剪，要保持花萼完整。粒、荚兼食类型的，如甜豌豆，应在豆荚内种子充分长大而鼓满，豆荚仍为绿色时再采收。

食用价值

豌豆富含蛋白质、膳食纤维、维生素 A 等多种营养成分。此外，豌豆味甘、性平，归脾、胃经，具有益中气、止泻痢、调营卫、利小便、消痈肿、解乳石毒之功效。对脚气、痈肿、乳汁不通、脾胃不适、呃逆呕吐、心腹胀痛等病症，有一定的食疗作用。

豌豆   豌豆

民间豌豆小偏方

1. 将豌豆苗洗净捣烂，榨取汁液，每次饮 50ml，一日两次，对治疗高血压、冠心病有一定疗效。

2. 取 200 克鲜豌豆煮烂，捣成泥，锅中加水，放入豌豆泥和 200 克炒熟的核桃仁，煮沸，每次吃 50ml，温服，一日两次，能治小儿、老人便秘。

3. 嫩豌豆 250 克，加水适量，煮熟淡食并饮汤。可治疗烦热口渴、产后乳汁不下、乳房作胀等症。

毛豆　　　　　　　　　　　家庭种植毛豆　　　　　　　　　　毛豆种子

◆ 毛豆

　　毛豆也称菜用大豆、青毛豆、白毛豆，在日本被叫作枝豆，是指籽粒鼓满期至初熟期采鲜豆荚作为蔬菜食用的专用型大豆，毛豆完全成熟后就是黄豆，为豆科大豆属草本植物，原产中国，栽培范围广泛。

环境要求

　　庭院、阳台或天台等地方都可以种植毛豆。常见的栽培容器都可以种植，只要深度在 25 厘米左右即可。毛豆对土壤有较好的适应性，喜土质疏松、富含有机质的沙壤土。春、夏、秋三季都可以种植毛豆，南方春种 3~4 月播种，夏种 5~6 月播种，秋种 7~8 月播种。

栽培与管理

1.播种

　　播种前先要选种，将有病虫害的种子拣出去，然后播种，一般采用直播。在 10~11℃温度下，种子开始发芽。播种前给土壤浇足够量的水，穴播，穴距20~25厘米，每穴播种 2~3 粒，播后覆 2 厘米厚的土。温度适宜的条件下 3~4 天即可出苗。

2. 浇水

毛豆喜欢湿润的环境，但又不耐涝，因此要保持土壤湿润，但不能积水。苗期对水量需求量很小，开花结荚期要多浇水，过于干旱或渍水都对开花、结荚不利。

3. 施肥

生长期不要施太多氮肥。生长 2~3 片真叶时伴随浇水施速效性氮肥，促进植株生长，并适当松土。开花前可施 1 次稀薄的有机肥。

采收

当豆荚的壳颜色开始变深，豆粒还是绿色，豆粒四周尚带种衣时最适合采收。此时豆粒品质高、鲜嫩、口感好。

食用价值

毛豆富含蛋白质、脂肪、卵磷脂、膳食纤维、大豆异黄酮等多种成分，营养丰富均衡。毛豆中的脂肪主要以不饱和脂肪酸为主，如人体必需的亚油酸和亚麻酸，它们可以改善脂肪代谢，降低人体中甘油三酯和胆固醇含量。毛豆中的卵磷脂在大脑发育过程中起着重要作用，可以改善大脑的记忆力和智力水平。毛豆中还含有丰富的食物纤维，可降低血压和胆固醇，对便秘有一定的治疗效用。毛豆中的钾含量也很高，夏天人们出汗过多易导致的钾流失，可多食用毛豆，避免疲乏无力和食欲下降。毛豆中的铁易于吸收，可以作为儿童补充铁的食物之一。

庭院种植毛豆

毛豆

家庭种植蚕豆 蚕豆种子 蚕豆花

◆ 蚕豆

蚕豆又叫胡豆、佛豆、胡川豆、倭豆、罗汉豆，豆科野豌豆属一年生或二年生草本。西南亚和北非是其原产地，相传由西汉张骞出使西域时引入中原，在我国栽培范围很广。

环境要求

蚕豆适宜生长在保水保肥力强的沙壤土中，不喜欢酸性土壤，可用菜园土、有机肥并加适量的石灰配制。冷凉而较湿润的气候适宜蚕豆生长，主要在冬季种植，南方一般于 10 月中旬至 11 月播种。

栽培与管理

1. 播种

蚕豆一般采用直播，种子播种前最好在太阳下暴晒 2~3 天，既可杀菌又能提高种子的发芽率。播种前培养土浇足底水，穴距 25~30 厘米，一般特大粒种每穴种植 1 粒，一般粒种每穴种植 2~3 粒，播种后覆土 3~5 厘米厚。

2. 管理

当幼苗长至 3~4 片真叶时，要进行间苗、定苗，大粒种每穴定苗 2 株。苗高 7~8 厘米时，浇施 1 次腐熟有机肥，在现蕾期、结荚期如果植株不够强壮、茂盛，可再浇施 1~2 次腐熟有机肥。后期可进行叶面追肥，促进结荚。

开花至成熟期要保持土壤湿润，但一定不能积水，初花期可培土 1 次。苗期 3 片复叶完全展开时，摘去主茎生长点，以促进分枝。在初花期每株留 6~8 个分枝进行整枝，促进通风透光，减少养分消耗。在每个花序前两朵小花开放时，及时摘除该花序其余花蕾。当大部分枝条开花时，选晴好天气进行打顶，以摘除 1 叶 1 心为度。

蚕豆

蚕豆

采收

待豆荚膨大饱满、有光泽，豆粒种脐呈现出头发丝样的细黑线时是采收青荚的好时期。采收可分次进行，自下而上，一周左右采收 1 次。如要采收老熟的种子，可在蚕豆叶片凋落、中下部豆荚充分成熟时收获，晒干脱粒贮藏。

食用价值

蚕豆含蛋白质、碳水化合物、粗纤维、磷脂、胆碱、维生素 B_1、维生素 B_2、烟酸和钙、铁、磷、钾等多种矿物质，特别是磷和钾含量较高。蚕豆皮中的膳食纤维有降低胆固醇、促进肠蠕动的作用。相关研究还认为蚕豆也是抗癌食品之一，可预防肠癌。

◆ 豇豆

豇豆又名菜豆、姜豆、带豆等，是豆科豇豆属中能形成长形豆荚的一年生缠绕草本植物。豇豆的原产地在非洲埃塞俄比亚，在我国栽种范围广泛。豇豆按茎的生长习性可分为矮性、半蔓性和蔓性三种，南方栽培以蔓性为主，矮性次之。鲜荚可以直接炒食，但不宜烹调时间过长，以免造成营养损失。也可将嫩豆荚用热水烫过后晾晒制作干豇豆，或者将嫩豆荚腌起来，作为下饭的小菜，别有一番风味。

环境要求

豇豆适宜在庭院、天台、阳台等地方种植。各种花盆、箱子、栽培槽等容器都能栽培，深度应在 20~25 厘米。豇豆对土壤适应性较强，较瘠薄的旱地也能适应。可用菜园土、有机肥和草木灰配制栽培土。在南方，春、夏、秋季都能种植豇豆，春季一般 3~4 月播种，夏季 5~6 月播种，秋季 7~8 月播种。

栽培与管理

1.播种

播种前先疏松培养土，浇足够的水。采用穴播方式，每穴放入 3~4 粒种子，穴距 25~30 厘米，播后覆 1~2 厘米厚的土，出苗前不要让土壤干旱。豇豆长出 3~4 片真叶时，可以进行定苗，每穴留苗 2~3 株。

豇豆

豇豆

豇豆

2. 育苗移栽

豇豆一般采用直播，春季也可以先育苗后移栽。育苗最好的方法是穴盘或营养袋育苗，这可以最大限度地保护根系。采用育苗移栽的，在长出 2 片真叶且第 1 片复叶展开时即可定植，定植后要浇透水。

3. 设立支架

蔓长到 30 厘米时，就应该设立支架了，通常采用"人"字架或篱笆架。初期需要人工引蔓，豇豆具有左旋的特点，可按逆时针方向引蔓上架，随着生长，茎蔓的缠绕能力会越来越强，后期无需再引蔓。引蔓应在晴天上午 10 时以后进行，以免引起断蔓。

庭院种植豇豆

4. 施肥

豇豆前期不需要过多施肥，在 4~5 片真叶期追施 1 次稀薄的腐熟有机肥即可，开花结荚前若施肥量太大，容易引起茎叶徒长。采收期根据生长情况追肥 2~3 次，注意适当增施磷钾肥。

5. 摘除老叶

豇豆生长旺盛期，可分次剪除下部老叶，有利于底部通风透光，以免引起后期落花落荚。

阳台种植豇豆

庭院种植豇豆

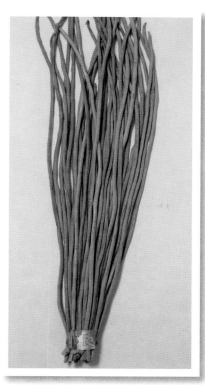

豇豆

采收

开花后 7~10 天，豆荚基本符合采收标准，长度适宜，荚果饱满柔软，籽粒还未显露，此时最适宜采收。采收时特别注意，在荚果柄部小心剪下，勿伤花序和留在上面的小花蕾。及时采收，可防止植株早衰和促进多结荚。一般初期 5 天左右采收 1 次，盛期 2~3 天收 1 次，甚至可以 1 天收 1 次。

食用价值

豇豆含优质蛋白质、适量的碳水化合物及多种维生素、微量元素等。其中的 B 族维生素能维持正常的消化腺分泌和胃肠道蠕动的功能，抑制胆碱酶活性，可促进消化，增进食欲。豇豆中所含维生素 C 能促进抗体的合成，提高机体抗病毒的作用。豇豆中的磷脂能促进胰岛素分泌，起糖代谢的作用，很适合糖尿病人食用。

● **总 策 划**

王丙杰　贾振明

● **责任编辑**

张杰楠

● **排版制作**

腾飞文化

● **编 委 会**（排序不分先后）

玮　珏　苏　易　白　羽

孟俊炜　田　源　陆一航

白若雯　肖　斌　姜　宁

● **责任校对**

姜菡筱　宣　慧

● **版式设计**

张怡璇

● **图片提供**

贾　辉　吕允浩　赵艳祥

http://www.nipic.com

http://www.huitu.com

http://www.microfotos.com